Alkohol im Unternehmen

Praxis der Personalpsychologie

Human Resource Management kompakt

Band 7

Alkohol im Unternehmen – Prävention und Intervention

von Dr. Martina Rummel, Dipl.-Psych. Ludwig Rainer und Dr. Reinhard Fuchs

Herausgeber der Reihe:
Prof. Dr. Heinz Schuler, Dr. Rüdiger Hossiep,
Prof. Dr. Martin Kleinmann, Prof. Dr. Werner Sarges

Alkohol im Unternehmen

Prävention und Intervention

von

Martina Rummel, Ludwig Rainer
und Reinhard Fuchs

 Hogrefe

Göttingen · Bern · Toronto · Seattle · Oxford · Prag

Dr. Martina Rummel, geb. 1954. Studium der Psychologie in Mannheim, Tübingen und Berlin. 1987 Promotion. 1979 bis 1990 Forschungsprojekte beim Bundesministerium für Forschung und Technologie sowie als wissenschaftliche Mitarbeiterin bei ABF e.V. und am Institut für Soziologie der FU Berlin. Weiterbildung zur systemischen Familientherapeutin. Seit 1987 freiberufliche Tätigkeit als Organisationsberaterin, Trainerin, Coach und Supervisorin im Rahmen des Kooperationsverbundes DIALOG. Seit 1990 am Institut für Betriebliche Suchtprävention (IBS) tätig.

Dipl.-Psych. Ludwig Rainer, geb. 1948. Ausbildung zum Industriekaufmann. Studium der Sozialwissenschaften, Philosophie und Psychologie in Berlin. Wissenschaftlicher Mitarbeiter in verschiedenen Forschungs- und Umsetzungsprojekten. Mitarbeiter des Instituts für Betriebliche Suchtprävention Berlin e.V. und seit 1987 freiberuflich als Trainer und Berater im Kooperationsverbund DIALOG tätig.

Dr. Reinhard Fuchs, geb. 1953. Studium der Psychologie in Braunschweig und Berlin. 1995 Promotion. 1979 bis 1987 Forschungsprojekte beim Bundesministerium für Forschung und Technologie und Mitarbeiter des Instituts für Sozialforschung und Betriebspädagogik in Berlin. Seit 1987 selbstständige Tätigkeit als Trainer, Berater und Coach im Rahmen des Kooperationsverbundes DIALOG sowie Mitarbeiter des Instituts für Betriebliche Suchtprävention (IBS) Berlin e.V. seit 1987.

Bibliografische Information Der Deutschen Bibliothek

Die Deutsche Bibliothek verzeichnet diese Publikation in der Deutschen Nationalbibliografie; detaillierte bibliografische Daten sind im Internet über <http://dnb.ddb.de> abrufbar.

© 2004 Hogrefe Verlag GmbH & Co. KG
Göttingen · Bern · Toronto · Seattle · Oxford · Prag
Rohnsweg 25, 37085 Göttingen

http://www.hogrefe.de
Aktuelle Informationen · Weitere Titel zum Thema · Ergänzende Materialien

Umschlagbild: © Bildagentur Mauritius GmbH
Satz: Grafik-Design Fischer, Weimar
Druck: AZ Druck und Datentechnik GmbH, 87437 Kempten/Allgäu
Printed in Germany
Auf säurefreiem Papier gedruckt

ISBN 3-8017-1885-9

Inhaltsverzeichnis

Karten:

Einführung eines betrieblichen Suchtpräventionsprogramms

Mitarbeitergespräch bei suchtmittelbedingten Auffälligkeiten

1 Alkohol im Unternehmen – Betriebliche Präventionsprogramme

1.1 Begriff und Konzept Betrieblicher Alkohol-, Drogen- und Suchtprävention

> Mit dem Begriff Betriebliche Suchtprävention bzw. Betriebliche Alkohol- und Drogenprävention werden betriebliche Maßnahmen umschrieben, die Alkohol- und Suchtmittelmissbrauch und seine Auswirkungen im Arbeitsleben betreffen.

Betriebsprogramme zu diesem Thema richten sich in der Regel an Führungskräfte und Mitbestimmungsträger – und über diesen Weg an alle Mitarbeiter/innen. Sie zielen darauf ab, die organisationale Kompetenz im Umgang mit dem Themenfeld Suchtmittelkonsum und Sucht zu erweitern. Dabei geht es aus *betrieblicher* Sicht darum, die Risiken von Alkohol- und Drogenkonsum im Leistungs-, Unfall- und Gesundheitsbereich zu minimieren und die damit verbundenen Kosten zu senken. Und es geht um wirksame Hilfe für Menschen, die Probleme haben – ob diese nun suchtmittelbedingt sind oder nicht. Ein weiteres Ziel besteht darin, über den Fokus solcher Programme Führungskräfte-Entwicklung und Organisationsentwicklung zu betreiben.

Risiken minimieren, Kosten senken und Hilfe anbieten

Gesundheitspolitisch gesehen ist das Ziel weiter gesteckt: Suchtprävention im Betrieb bietet die einmalige Chance, gefährdete Erwachsene in einem für sie relevanten Handlungsfeld frühzeitig zu erreichen – präventiv, im Sinne einer Eindämmung des Risikokonsums – und für den Fall bereits vorliegender Probleme in einem Stadium, in dem sie ihren Arbeitsplatz noch haben und bevor eine Suchtkrankheit chronifiziert ist. Hier ergibt sich ein Überlappungsfeld, aber keine direkte Identität mit betrieblichen Interessen.

Mit diesen Zielen sind drei zentrale Handlungsstränge verbunden, die Prävention und Intervention miteinander verzahnen:
– Senkung des Konsumniveaus von Alkohol und anderen Suchtmitteln
– Führung und Kommunikation
– Aufbau innerbetrieblicher Hilfesysteme

Alle drei Aspekte können unter dem Blickwinkel der Organisationskultur betrachtet werden und sind Gegenstandsbereiche von Personal- und Organisationsentwicklung. Sie werden im Folgenden näher ausgeführt.

Suchtprogramme sind auf Grund dieses vielschichtigen Zugangs begrifflich schwer zu fassen. Die verbreitetste Bezeichnung für betriebliche Alkohol-

und Drogenprogramme ist „Betriebliche Suchtprävention". Dieser inzwischen etablierte Begriff ist jedoch in sich verwirrend und verweist auf einige Dilemmata des Handlungsfeldes.

Prävention im Sinne von Vorbeugung ist immer unspezifisch – bezieht sich also nie auf Sucht allein, sondern auf Gesundheits- und Lebenskompetenz generell. Zugleich erzeugt Alkohol- oder Drogenkonsum betriebliche Probleme, die die Führungskräfte herausfordern – ganz unabhängig von der Frage, ob dabei Sucht im Spiel ist.

Die meisten Probleme entstehen durch Risikokonsum Nimmt man Alkohol als verbreitetstes Suchtmittel in den Blick, ist man damit konfrontiert, dass vermutlich die meisten betrieblichen Alkoholprobleme nicht von schwer Alkoholabhängigen erzeugt werden, sondern von der vielfach größeren Gruppe der Risikokonsumenten. Sucht ist, so Ralf Hüllinghorst (Deutsche Hauptstelle gegen die Suchtgefahren), der „Spezialfall" gegenüber dem größeren Problem des Risikokonsums. Viele betriebliche Berater fordern deshalb einen entsprechenden Paradigmenwechsel für die so genannte Betriebliche Suchtprävention.

Ist tatsächlich eine Suchtproblematik vorhanden, zeigen sich umgekehrt betrieblich manchmal die *Folgeprobleme* (etwa Fehlzeiten und Leistungseinbrüche), nicht aber die Suchtmittel – sofern überhaupt Substanzen im Spiel sind. Führungskräfte, die auf Auffälligkeiten reagieren, wissen in dieser Situation oft nichts über den Problemhintergrund.

Der Fokus der meisten Programme liegt beim Alkohol – auch in diesem Text konzentrieren wir uns darauf. Diese Konzentration ist auf Grund der Verbreitung nach wie vor sinnvoll. Die Präventions- und Interventionsstrategien lassen sich in aller Regel im Kern auf Probleme mit anderen Drogen und den Umgang mit anderen psychosozialen Problemstellungen übertragen.

1.2 Alkohol- und Drogenprävention: Abgrenzung zu ähnlichen Begriffen

Bezeichnungen Für betriebliche Präventionsprogramme rund um Alkohol und Drogen werden unterschiedlichste Bezeichnungen gewählt, die im Kern denselben Gegenstandsbereich umschreiben, z. B.
– Alkoholprogramm
– Alkoholpräventionsprogramm
– Betriebliche Suchtarbeit
– Suchtprogramm
– Suchtpräventionsprogramm
– Programm gegen Alkoholmissbrauch

2

Bei Betrieben, deren Programme sich ausschließlich auf Hilfeeinrichtungen beschränken, werden entsprechende Begriffe benutzt:
- Employee Assistance Programm
- Betriebliche Sozialarbeit
- Betriebliche Suchtberatung
- Betriebliche Suchtkrankenhilfe

Viele Betriebe ordnen Alkohol- und Suchtprogramme in das Handlungsfeld *Betriebliche Gesundheitsförderung* ein, um primärpräventive Aspekte zu betonen. Die meisten betrieblichen Suchtprogramme sind jedoch im Prinzip sekundärpräventive Hilfekonzepte für Alkoholiker. Bisweilen wird ein erweiterter Suchtbegriff eingefordert mit dem Ziel, auch andere Stoffgruppen wie etwa Tabak oder stoffungebundene Süchte zu erfassen, z. B. Spielsucht oder Essstörungen.

Gesundheitsförderung

Mit Blick auf Fragen der *Arbeitssicherheit und Qualitätssicherung* ist der Sinn solcher Einordnungen oder Abgrenzungen fraglich: Alkohol- und Drogenprogramme berühren bei weitem nicht nur Fragen der Suchtprophylaxe und Gesundheitsförderung, sondern stehen in engem Zusammenhang mit der Führungs- und Kommunikationskultur. Leistungserhalt, Qualität und Arbeitssicherheit betreffen unmittelbar Führungsstandards und „Führungshandwerk".

Arbeitssicherheit und Qualität

In den U. S. A. hat sich für Präventionsprogramme der Begriff EAP (Employee Assistance Programm) eingebürgert. Dieser Begriff wird inzwischen vielfach übernommen und mit wirksamer Einzelfallhilfe (Case Management) verbunden. Er stellt jedoch eine nicht sinnvolle Reduzierung des Arbeitsansatzes allein auf das Hilfesystem dar – ganz zu schweigen davon, dass dessen Ausstattung in amerikanischen Betrieben in aller Regel weit hinter den europäischen Standards liegt (vgl. Klepsch & Fuchs, 1998).

1.3   Bedeutung für das Personalmanagement

Lohnt es sich angesichts dieser komplexen Bezüge, ein Programm mit dem eingeschränkten Fokus Alkohol/Sucht zu implementieren? Die betrieblichen Erfahrungen sprechen dafür, mehr noch – der Versuch, die Thematik ganz in Gesundheitsförderungs- oder Qualitätsprogrammen aufgehen zu lassen, scheitert in vielen Fällen daran, dass das Thema Suchtmittelmissbrauch dann quasi „untergeht". Betriebliche Alkoholprogramme, vor etwa 20 Jahren von den ersten Betrieben in der Bundesrepublik Deutschland aufgebaut und erprobt, gehören deshalb heute zu den Standards moderner Personalführung und Gesundheitspolitik.

Programme können Risiken und Folgekosten von Suchtmittelkonsum nachweislich senken. Nach den vorhandenen Erfahrungen zahlt sich die Inves-

Es rechnet sich

3

tition auch monetär aus (Fuchs & Petschler, 1998). Gleichzeitig sind Alkoholprogramme ein hervorragender Fokus, um Organisationsentwicklung im Bereich Führung und Kommunikation zu betreiben, da über die Auseinandersetzung im Einzelfall sämtliche „offenen Wunden" der Organisation sofort in den Blick kommen.

• *Verbreitung des Problems*

Der durchschnittliche bundesdeutsche Einwohner konsumiert im Jahr 122 Liter Bier, 20 Liter Wein, 4 Liter Schaumwein und 6 Liter Spirituosen – das entspricht ca. 10,5 Liter reinem Alkohol. Dass damit erhebliche individuelle, soziale, betriebliche und gesellschaftliche Schäden einhergehen, ist unumstritten. Mit $1^{1}/_{2}$ bis 2 Millionen alkoholabhängigen Bundesbürgern und jährlich ca. 40.000 „Alkoholtoten" belaufen sich Abhängigkeit und Mortalität in der Gesamtbevölkerung auf mehr als das Zwanzigfache gegenüber illegalen Drogen, trotzdem wird die Alkoholproblematik in der Öffentlichkeit unterschätzt. Nach allgemeinen Schätzungen muss davon ausgegangen werden, dass ca. 5 % der Beschäftigten alkoholkrank, d.h. behandlungsbedürftig, weitere 10 % alkoholgefährdet sind. Als besonders riskant ist die Kombination von Alkohol und Tabak anzusehen (Meyer & John, 2003).

Als medikamentenabhängig gelten in der Bundesrepublik Deutschland 1,4 bis 1,5 Millionen Menschen (Glaeske, 2003), davon 1,1 Millionen von Benzodiazepinen (Beruhigungsmitteln). 6 bis 8 % aller verordneten Arzneimittel besitzen ein Missbrauchs- und Abhängigkeitspotenzial.

Ca. 2 Millionen Menschen konsumieren Cannabis, 270.000 als Dauerkonsumenten. Hier gilt vor allem der Jugendbereich als betroffen. Marihuana und Kokain stellen jedoch auch im Erwachsenenbereich für Betriebe relevante Konsumfelder dar (Schätzungen: Deutsche Hauptstelle gegen die Suchtgefahren, Jahresbericht 2001 über den Stand der Drogenproblematik in der Europäischen Union EBDD). Die Konsumraten für harte illegale Drogen erreichen 250.000 bis 300.000.

Bei den nicht stoffgebundenen Süchten ist der Glücksspiel-Bereich betrieblich relevant. Die Anzahl pathologischer Spieler in Deutschland wird auf 80.000 bis 130.000 geschätzt. Pathologische Spieler weisen im Vergleich mit stoffgebundenen Suchtkranken höhere Schulden auf und brechen häufiger Therapien ab (Meyer, 2002).

• *Betriebliche Bedeutung*

Nahezu alle Erwachsenen sind Alkoholkonsumenten – und Alkoholkonsum ist Bestandteil vieler Betriebskulturen. Deshalb ist die betriebliche Auseinandersetzung mit diesem Thema von Ambivalenz geprägt:

4

Einerseits ist Alkohol aus vielen sozialen Situationen innerhalb und außerhalb des Arbeitsalltags, auch aus dem Kundenkontakt, kaum wegzudenken. Andererseits entstehen durch Alkoholprobleme Kosten, die, obgleich nicht exakt quantifizierbar, die Aufwendungen für präventive Maßnahmen marginal erscheinen lassen. Quantitative und qualitative Leistungsminderung, Fehlzeiten, unüberschaubare Folgekosten durch Entscheidungsfehler, Imageprobleme und unverhältnismäßige Energieverluste bei disziplinarischen Auseinandersetzungen sind nur einige Beispiele für die Belastungen.

Alkohol gehört zum Arbeitsalltag

> Eine Untersuchung in der Landesbank Berlin zeigt, dass sich viele Führungskräfte in ihrem beruflichen Alltag mit der Thematik befassen müssen: Jede *vierte* Führungskraft vermutet danach Alkoholprobleme bei mindestens einem ihrer Mitarbeiter. Jede *zehnte* vermutet bei einem Mitarbeiter oder einer Mitarbeiterin Medikamentenprobleme, jede *vierte* hat Suchtprobleme im Kreis der eigenen nahen Angehörigen (Fuchs & Rummel, 1998).

Dass die damit verbundenen Kosten oft nur zum Teil in die Wahrnehmung eingehen, hängt mit einer hohen Toleranz für die durch Alkoholkonsum und -missbrauch bedingten Probleme zusammen. Dies ist unter anderem der schleichenden Entwicklung bei Suchtmittelproblemen geschuldet, deren Signale aus verschiedenen Gründen vom betrieblichen Umfeld zu lange übersehen werden. Zugleich ist die Frage, wann und wodurch eine Mitarbeiterin oder ein Mitarbeiter auffällig werden kann, bestimmt von den *sozialen Spielregeln, Führungs- und Verhaltenskriterien*, die für den jeweiligen Arbeitsbereich gelten. Prävention in einer Organisation bedeutet daher immer zugleich, die sozialen und kommunikativen Potenziale sowie die Leistungspotenziale einer Organisation zu entwickeln. In diesem Band wird das Thema Alkohol- und Drogenmissbrauch daher explizit als Thema der Personalführung und Organisationsentwicklung aufgegriffen.

Kosten werden nicht wahrgenommen

1.4 Betrieblicher Nutzen

1.4.1 Investitionsbereiche

Ob eine Organisation in präventive Maßnahmen investiert oder nicht, ist unserer Erfahrung dennoch nicht allein ein Resultat rationaler Kosten-Nutzen-Abwägung (die dies unmittelbar nahelegt), sondern viel häufiger eine Werteentscheidung. Die Entwicklung eines tragfähigen Präventionsprogramms erfordert die innerbetriebliche Auseinandersetzung und Konsensbildung über ein Tabuthema, die Förderung konstruktiver Kommunikation

Prävention ist auch eine Werteentscheidung

5

und die Bereitstellung von Ressourcen zu Gunsten der Mitarbeiter. Damit ist sie eine direkte Investition in die Menschen, die untrennbar mit den Kernwerten, der Vision und Philosophie der jeweiligen Organisation verbunden ist. Die drei Kernbereiche dieser Investition sind:

- präventive Maßnahmen, die das Unfallrisikos minimieren, Leistung und Qualität sichern, Gesundheit fördern und insgesamt das Konsumniveau von Alkohol, Medikamenten und Drogen senken
- Maßnahmen zur Veränderung der Führungs- und Kommunikationskultur, die einen konstruktiven und lösungsorientierten Umgang mit vorhandenen Problemen fördern
- Maßnahmen zur Bereitstellung eines effizienten innerbetrieblichen Hilfeangebotes für Mitarbeiterinnen und Mitarbeiter in Krisensituationen

Im Folgenden werden Handungsmöglichkeiten zu diesen Entwicklungslinien erörtert und Empfehlungen gegeben.

1.4.2 Kosten-Nutzen-Relation

Programme sind sinnvolle Investitionen

Dass betriebliche Alkohol- und Drogenprogramme sich rechnen, wird inzwischen nicht mehr bestritten, wenngleich Bemühungen der Quantifizierung oft den Gegenstandsbereich nicht wirklich präzise umfassen (Fuchs & Petschler, 1998). Am besten nachgewiesen sind die Effekte guter innerbetrieblicher Kooperations- und Hilfesysteme. So scheint sich eine Sozialarbeiterstelle bereits durch wenige Alkoholkranke, die früher adäquate Behandlung erfahren, allein über Fehlzeitenreduktion zu amortisieren (s. u.). Auch ist bekannt, dass viele folgenschwere Unfälle mit immensen Kosten für die Organisation vermeidbar wären, würde der Problematik des Alkoholkonsums mehr Aufmerksamkeit gewidmet.

Insgesamt wird für betriebliche Präventionsprogramme in diesem Bereich ein Return of Investment von 1:4 angenommen.

Diese einfache Formel wird von Praktikern bestätigt und erscheint plausibel, ist aber empirisch nicht exakt belegbar. Gut erfasst sind die Kosten des Suchtmittelkonsums sowie die Kostenreduktion durch Programme insbesondere im Fehlzeitenbereich (einen Überblick über entsprechende Untersuchungen geben Fuchs & Petschler, 1998). Oftmals besteht in Betrieben keinerlei Information über die faktischen Kosten (v. a. die stillen Kosten) – das Gespür für diesen Aspekt ist dennoch häufig der zentrale Grund für die Durchführung entsprechender Programme.

Im Folgenden werden einige kostenrelevante Aspekte am Beispiel Alkohol illustriert. Viele dieser Aspekte lassen sich auf Medikamente und illegale Drogen übertragen.

6

1.4.3 Kostenrelevante Aspekte

• *Leistungsminderung*

Mitarbeiter, die häufig alkoholisiert und abhängig erkrankt sind, zeigen häufig im Lauf der Zeit immer stärker wahrnehmbare Verhaltensänderungen:

- Nachlassen der Arbeitsqualität/-quantität
- Starke Leistungsschwankungen
- Fehlentscheidungen/Fehlerhäufung
- Ausfallzeiten durch Unpünktlichkeit, Pausenüberziehung, Entfernen vom Arbeitsplatz
- Extensive Ausnutzung von Spielräumen
- Häufung von Fehlzeiten und krankheitsbedingten Ausfällen
- Stimmungsschwankungen im Umgang mit Kollegen, Kunden, Mitarbeitern und Vorgesetzten
- Sozialer Rückzug
- Probleme im äußeren Erscheinungsbild und körperlichen Zustand

Leistungs-minderung

Nach einer in der Bundesrepublik weit verbreiteten Faustformel zur Berechnung der mit ungelösten Alkoholproblemen einhergehenden Kosten ist pro Fall ein jährlicher Schaden in Höhe von 25 % an nicht erbrachter Lohngegenleistung zu erwarten. Die Berechnungsformel basiert auf Schätzungen (Stanford Research Instituts, 1975), wird aber von erfahrenen Praktikern aus der Personalarbeit immer wieder bestätigt.

Stanford-Formel

Alkoholkonsum erzeugt auch jenseits von Abhängigkeit Probleme: Die mit dem Konsum und Missbrauch einhergehenden Schäden werden im Betriebsalltag aber eher verharmlost, kaschiert, verdeckt oder schlichtweg ignoriert. Während die Alkoholwirkung auf Arbeits- und Verkehrssicherheit relativ gut belegt ist, wird Einfluss auf intellektuelle Leistungen häufig bestritten. Alkohol wird sogar als Mittel zur Förderung von Kreativität und Ideenreichtum betrachtet. Salamé (1991) verglich in einer der wenigen Studien dazu „leichte" und „schwere" Trinker. Letztere, die seit längerem eine tägliche Dosis von mehr als 50 g Alkohol zu sich nehmen, wiesen auch in nüchternem Zustand schlechtere Gedächtnisleistungen auf. Bei allen Versuchspersonen blieben unter leichtem Alkoholeinfluss (Blutalkoholkonzentration bis 0,26 Promille) die Lernzuwächse bei einer einfachen Gedächtnisaufgabe aus. Dass Lernen (z. B. durch Übung) unter Alkoholeinfluss eingeschränkt ist, ist inzwischen gut belegt.

Wirkung auf intellektuelle Leistungen

Bereiche menschlicher Arbeitsleistung, die durch Alkohol gestört werden, sind: Aufmerksamkeit, Gleichgewichtsapparat, Reaktionszeit, Wahrnehmung, Handfertigkeit, Denkvermögen, Antrieb und Stimmungslage. Dass die Fähigkeit zur kritischen Selbstüberprüfung unter Alkoholeinfluss deutlich herabgesetzt ist, verstärkt das Problem. Trinkt man schnell, bemerkt man die „Anflutungswirkung" des Alkohols. Sobald – wie gemäß der

> ### Leistungseinbußen durch Alkoholkonsum bei Managementaufgaben
>
> Viele Studien weisen eine Einschränkung der Konzentration, des Sehvermögens, der Reaktionsgeschwindigkeit und anderer leistungsrelevanter Parameter durch Alkoholkonsum nach.
>
> Streufert u. a. (1994) fanden bei 48 Führungskräften in einer methodisch aufwendigen Studie eine direkte Beeinträchtigung von Managementleistungen durch Alkoholkonsum:
>
> Schon bei einer Blutalkoholkonzentration von 0,5 Promille zeigten sich deutliche Störungen bei komplexen Arbeitsaufgaben wie Planung und Strategieentwicklung sowohl unter Normalbedingungen als auch unter „Notfall"-Bedingungen. Besondere Anstrengungen erlaubten bei diesem Grad an Alkoholisierung offenbar noch eine gewisse Kompensation bei der Bewältigung einfacherer Routineaufgaben. Bei 1,0 Promille zeigten sich aber auch hier deutliche Leistungseinbußen.

üblichen Trinksitten – über längere Zeit hinweg Alkohol getrunken wird, besteht keine verlässliche Wahrnehmung des Alkoholisierungsgrades. Probanden mit einer Blutalkoholkonzentration von 1,1 bis 1,6 Promille bezeichnen sich dann in Experimenten als kaum merkbar beeinflusst.

• *Arbeitssicherheit*

Für die Arbeitssicherheit ergibt sich auf Basis des § 38 der Allgemeinen Unfallverhütungsvorschrift, dass interveniert werden muss, wenn die Möglichkeit gegeben ist, dass der Arbeitende durch den Alkoholkonsum in gefährdender Weise eingeschränkt ist.

> ### Unfallverhütungsvorschriften (UVV VBG 1) § 38
>
> Abs. 1: „Versicherte dürfen sich durch Alkoholgenuss nicht in einen Zustand versetzen, durch den sie sich selbst und andere gefährden können."
>
> Abs. 2: „Versicherte, die infolge Alkoholgenusses oder anderer berauschender Mittel nicht mehr in der Lage sind, ihre Arbeit ohne Gefahr für sich oder andere auszuführen, dürfen mit Arbeiten nicht beschäftigt werden."

Die Beeinträchtigung durch Alkohol ist für die ganzheitliche Tätigkeit vermutlich gravierender als für isoliert betrachtete einzelne Leistungskomponenten. Dies zeigt sich beim Vergleich von Laborexperimenten mit Fahr-

8

versuchen unter realen Bedingungen. Alkohol macht leichtsinnig und gibt subjektiv das Gefühl der Leistungssteigerung. So neigen z. B. Autofahrer schon ab 0,5 Promille Blutalkoholkonzentration (bei einem Körpergewicht von 65 kg ist dies bei ca. einem halben Liter Bier erreicht) verstärkt dazu, keinen Sicherheitsgurt anzulegen (Noordziej, Meester & Verschuur, 1988): Der Anteil angeschnallter Fahrer war in dieser Studie bei Alkoholeinfluss um mehr als die Hälfte herabgesunken.

Da Alkohol gerade die nicht bewusste Feinsteuerung des Verhaltens beeinflusst, wird die tatsächliche Leistungseinbuße oft nicht oder erst zu spät erkannt.

Beeinträchtigung der Arbeitssicherheit durch Alkohol
ab 0,2 Promille
– mehr Fehler bei sensumotorischen Aufgaben – Störung des Gleichgewichtssystems
ab 0,3 Promille
– Störung der Aufmerksamkeit und Nachlassen der Konzentration – Störung der Wahrnehmung bewegter Objekte
ab 0,4 Promille
– merkliche Verlängerung der Reaktionszeit
ab 0,5 Promille
– erhöhte Risikobereitschaft – Fehleinschätzung von Geschwindigkeiten – Hörvermögen herabgesetzt
ab 0,8 Promille
– zunehmende Enthemmung, Selbstüberschätzung – stärkere Wahrnehmungseinschränkung und Blickfeldverengung – Einschränkung der Bewegungskontrolle – deutliche Verlängerung der Reaktionszeit (ca. um ein Drittel)

Abbildung 1:
Beeinträchtigung der Arbeitssicherheit durch Alkohol

Die Symptome steigern sich mit zunehmendem Promillegrad, ab 1 Promille kommen starke Gleichgewichtsstörungen und Sprechstörungen hinzu, bei über 2 Promille geht mehr und mehr das Reaktionsvermögens verloren und es kommt zu Gedächtnislücken. Ab 3 Promille schwere Alkoholvergiftung bis zur Bewusstlosigkeit.

9

Der Einfluss von *Medikamenten* auf die Arbeitssicherheit wird offenbar massiv unterschätzt (Steinbach & Wienemann, 1992). Vor allem der alltäglich verordnete Arzneimittelkonsum kann zum Risikofaktor werden: Ein beträchtlicher Teil der Arbeitnehmer steht während der Arbeitszeit unter dem Einfluss von ärztlich verordneten Arzneimitteln, wie z. B. Medikamente gegen Bluthochdruck oder Beruhigungsmittel, die je nach Stoffgruppe zu erheblichen Reaktionsbeeinträchtigungen führen können. Bei illegalen Drogen ist die Wirkung ebenfalls stoffabhängig.

Bei der am verbreitetsten Droge *Marihuana* gehen Experten von einer gravierenden Beeinträchtigung im Zeitraum bis zu einem halben Tag nach Konsum aus, weitere Folgewirkungen bis maximal vier Tagen nach Konsum können nicht ganz ausgeschlossen werden, sind jedoch nicht wahrscheinlich.

• *Alkohol und Wegeunfälle*

Die Rolle, die Alkohol als Unfallursache im Straßenverkehr spielt, ist im Prinzip unbestritten – wie groß der Einfluss jedoch ist, ist statistisch schlecht belegt. Offizielle Schätzzahlen gehen davon aus, dass Alkohol bei 12 % aller Verkehrsunfälle und bei 20 % der Unfälle mit tödlichem Ausgang eine wesentliche Rolle spielt. Die Dunkelziffer ist jedoch erheblich. Eine detaillierte Nachuntersuchung tödlicher Verkehrsunfälle im Jahr 1976 im Saarland ergab z. B. eine Alkoholbeteiligung von 56 %, während die offizielle Statistik nur 28,3 % ausgewiesen hatte (Müller, 1984). Diese Tendenz wurde für die Jahre 1988 bis 1990 nochmals bestätigt (Müller, 1992).

Diese Zahlen sind von unmittelbarer betrieblicher Relevanz, da sie im Rahmen der Diskussion um Wegeunfälle immer mehr ins Blickfeld der Berufsgenossenschaften und des betrieblichen Arbeitsschutzes rücken (Fuchs & Resch, 1996). Es verunglücken mehr Personen tödlich auf berufsbedingten Wegen im Straßenverkehr als bei Unfällen am Arbeitsplatz, und rund 40 % der berufsgenossenschaftlichen Entschädigungsleistungen entfallen auf Verkehrsunfälle, deren Anteil an der Gesamtzahl der meldepflichtigen Unfälle nur 17 % beträgt (Stürk, 1987).

• *Fehlzeiten*

Menschen mit Alkohol- und Drogenproblemen fehlen länger und häufiger. Ergebnisse aus den U. S. A., die einen deutlichen Zusammenhang zwischen Alkoholproblemen und Fehlzeiten aufzeigen, wurden in nichtrepräsentativen Studien und Einzelfallrecherchen für den deutschsprachigen Raum in den letzten Jahren mit ähnlichen Resultaten bestätigt. Von den insgesamt empirisch schwer quantifizierbaren Kosten der Alkoholproblematik im Betrieb sind gerade Kosten durch Fehlzeiten noch am besten wissenschaftlich nachzuweisen.

In einer Fehlzeitenstudie in einer großen Behörde fanden Fuchs, Rummel, Petschler und Kruppe (1993) fehlzeitenbedingte Kosten pro Jahr und Fall von über 10.000 DM (ca. 5.000 €). „Stille Kosten" durch verminderte Leistungsbereitschaft und -fähigkeit am Arbeitsplatz sind dabei ebenso wenig eingerechnet wie etwa Folgekosten durch Mehrbelastung von Kollegen, Fehlentscheidungen, Personalaufwand für Disziplinarmaßnahmen, ungenutzte anteilige Kapitalinvestitionen am Arbeitsplatz oder nicht amortisierte Ausbildungsinvestitionen (vgl. auch Fuchs & Petschler, 1998 im Überblick über andere Fehlzeitenstudien).

Hohe Kosten durch Fehlzeiten

• *Risiken durch Fehlverhalten*

Die Beeinflussung der Arbeitsleistung durch Alkohol begünstigt teure Fehlentscheidungen. Hinzu kommen spezifische Probleme durch Fehlverhalten unter Alkohol- und Drogeneinfluss (soziales Fehlverhalten, Übergriffigkeit, Gewalttätigkeit) und Beschaffungskriminalität. Ein besonderes Risiko ergibt sich durch die häufig mit Suchtkrankheiten verbundene Verschuldungsproblematik. Dies gilt nicht nur für stoffgebundene Süchte wie Alkohol-, Medikamenten- oder andere Formen der Drogenabhängigkeit, sondern auch für stoffungebundene Süchte wie Spielsucht. In Einzelfällen, die uns in unserer Arbeit begegnet sind, sind durch Spekulation, Fehlentscheidungen oder betrügerische Aktivitäten Folgekosten entstanden, die die Kosten eines umfassenden Präventionsprogramms bei weitem überstiegen.

Verschuldung

Selbstverständlich können auch die besten Präventionsmaßnahmen derartige Probleme nicht aus der Welt schaffen. Sie ermöglichen jedoch eine bessere Wahrnehmung für sich abzeichnende Schwierigkeiten sowie eine frühzeitigere und kompetentere Reaktion darauf. Sie senken damit das Gesamtrisiko.

1.5   Weitere Themen und Ziele

• *Frühzeitige Intervention statt Kündigung*

Im Zentrum der Maßnahmen steht in aller Regel das Anliegen, Mitarbeitern mit Alkoholproblemen sachkundige und rasche Hilfestellung zukommen zu lassen und dadurch vom Einzelnen, aber auch von der Organisation Schaden abzuwenden. Betriebliche Interventionen sind in dieser Situation oft wesentlich wirksamer und führen rascher zum Ziel als Bemühungen der Angehörigen und des privaten Umfeldes.

Die Erfolgsquoten, die in gut verankerten Programmen bei 50 %, in Einzelfällen sogar bis 80 % liegen können, sprechen eine eindeutige Sprache.

Eine Vielzahl der Programme dürfte auch maßgeblich durch die veränderte Arbeitsrechtssprechung im Umgang mit der Krankheit Alkoholismus geprägt worden sein. So hat eine Kündigung vor Arbeitsgerichten bei beanstandetem Arbeitsverhalten, welches ursächlich auf eine vorliegende Alkoholabhängigkeit zurückzuführen ist, nur Bestand, wenn der Beschäftigte nachweislich mehrmalig auf dieses Fehlverhalten hingewiesen wurde und er die vom Unternehmen angebotenen Hilfsangebote nicht oder nicht mit Erfolg angenommen hat.

Take care of those who work for you and you'll float to greatness on their achievements. H. S. M. Burns

• *Arbeitsgestaltung und Umgang mit Risikogruppen*

Bestimmte Belastungen erhöhen das Risiko Missbräuchlicher Alkoholkonsum kann in Zusammenhang mit bestimmten Arbeitsbedingungen stehen. Ergebnisse der Belastungsforschung zeigen wissenschaftlich belegte Zusammenhänge zu *Unterforderung, Isolation am Arbeitsplatz, hoher Mobilität und unregelmäßigen Arbeitszeiten bzw. Schichtdienst.* Wo gleichzeitig die Organisation bzw. die Führung unklare oder widersprüchliche Signale im Hinblick auf den Umgang mit Alkohol gibt bzw. eine hohe Toleranz für diese Form der Belastungsbewältigung zeigt, kommen diese Zusammenhänge besonders zum Ausdruck. Bei Arbeitsbedingungen mit hohen quantitativen Belastungen oder Zeitdruck ist eine Verschiebung zum Medikamentenkonsum zu erwarten. Auch bei spezifischen Tätigkeiten wie Bildschirmarbeit oder in Bereichen mit einem hohen weiblichen Beschäftigtenanteil besteht häufig ein erhöhter Medikamentengebrauch. (Überblick über Forschungsergebnisse: Greiner, Rummel & Fuchs, 1998).

• *Führungskräfte mit Alkoholproblemen*

Führungskräfte mit Alkohol- oder Drogenproblemen können auf Grund ihres Einfluss-Radius immensen Schaden anrichten – nicht nur durch Fehlleistungen und Fehlentscheidungen, die in der Regel mit zunehmender Hierarchiestufe auch zunehmend mehr kosten. Sie haben häufig auch eine Ausstrahlung auf die nachgeordneten Ebenen, die das Klima und die Kultur negativ beeinflussen (Rummel & Rainer, 1998).

Je höher die Führungsebene und der Status einer Person, desto weniger werden andererseits manifeste Alkoholprobleme wahrgenommen oder gar thematisiert. Man ist im Gegenteil dankbar, wenn der Betreffende einen

„guten Grund" anbietet, der es erlaubt, das gezeigte Verhalten nicht als Problem zu bewerten.

Wenngleich nicht geklärt ist, ob Führungskräfte quantitativ tatsächlich eine Hochrisikogruppe sind, wird über trinkende Führungskräfte viel gesprochen – vor allem von hierarchisch untergeordneten Mitarbeitern. Alle „ahnen" oder „wissen" um das Problem, sprechen in Andeutungen darüber, machen Scherze. Es ist jedoch extrem tabuisiert, es offen anzusprechen (Rummel & Rainer, 1998).

Das gilt auch für die übergeordneten Vorgesetzten. Die Auseinandersetzung mit einzelnen hierarchisch hoch stehenden Personen löst offensichtlich starke Bedenken aus, bis hin zu der Befürchtung, das Bekanntwerden einer solchen Auseinandersetzung mit einem Einzelnen könne die Autorität und das Image der gesamten Führung bei den Mitarbeiterinnen und Mitarbeitern untergraben. Steht die Führungskraft in exponierter Stellung gegenüber Kunden oder in der Öffentlichkeit, werden zudem noch erhebliche Imageschäden befürchtet. In der Praxis finden sich hier zahlreiche Beispiele für die Verschiebung des Problems in andere Verantwortungsbereiche oder andere für die Organisation kostspielige Arrangements.

Bestehen auf Ebene des Vorstands, der Geschäftsleitung und der Entscheidungsträger aus den Mitbestimmungsgremien eine ausgeprägte Trinkkultur oder akute Alkoholprobleme, ist eine inkonsistente Alkoholpolitik die Regel. Die regulativen Vorgaben bleiben dann meist unklar, widersprüchlich und doppeldeutig. Die Auswirkungen einer in diesem Sinn inkonsistenten „Alkoholpolitik" sind leicht nachvollziehbar.

• *Ausbildungsbereich*

Besteht in Betrieben eine konsumfreudige Kultur, sind Auszubildende besonders gefährdet. Dass die Partizipation am Erwerbsleben „Erwachsensein" symbolisiert, mag mit dazu beitragen, dass junge Berufstätige zwischen 14 und 20 Jahren nahezu doppelt so viel bzw. oft trinken wie Schüler in vergleichbarem Alter – jeder zehnte bis elfte tut dies durchaus auch am Arbeitsplatz (Reuter, in Bundeszentrale für gesundheitliche Aufklärung, 1984). Einer Studie von Hoth (1994) zufolge zeigten von allen Magdeburger Auszubildenden im zweiten Jahr, meist 17- bis 18-jährig, bereits fast ein Viertel der weiblichen und fast die Hälfte der männlichen Jugendlichen ein gesundheitsgefährdendes Trinkverhalten. Jeder vierte männliche Auszubildende trank 1991 in der Woche über 280 g Alkohol- das entspricht 10 Liter Bier, 3 Liter Wein oder 1 Liter Spirituosen.

Alkohol ist im Jugendbereich nach wie vor die verbreitetste Droge und erzeugt die massivsten Probleme. Der Europäischen Beobachtungsstelle für

Drogen und Drogensucht (EBDD) zufolge hat in den letzten Jahren vor allem das sog. „Binge"-Trinken (5 und mehr alkoholische Getränke bei einer Gelegenheit in den letzten 30 Tagen) in besorgniserregendem Ausmaß zugenommen (Jahresbericht 2003).

Hinzu kommt inzwischen ein erheblicher Anteil von Jugendlichen, die Marihuana konsumieren. Über 90 % der in Drogenscreenings gefundenen Auffälligkeiten gehen auf diesen Stoff zurück, der inzwischen als fester Bestandteil der Jugendkultur angesehen werden muss.

• *Bereiche mit hohem Frauenanteil*

In Bereichen mit hohem Frauenanteil zeigen sich Suchtrisiken in etwas anderer Form. Zum Teil hängt dies mit spezifischen Arbeitsbelastungen in typischen Frauenberufen zusammen, die Medikamentenmissbrauch begünstigen (Nette, 1998).

Gleichzeitig ist in Bereichen mit hohem Frauenanteil, insbesondere in helfenden Berufen, ein höherer Prozentsatz von Angehörigen zu vermuten (Rummel & Bellabarba, 1998). Angehörigenprobleme können sich faktisch am Arbeitsplatz ähnlich auswirken wie eigene Suchtprobleme – sie stellen sich in verminderter Leistungsfähigkeit, erhöhten Fehlzeiten und anderen Ausfallerscheinungen dar.

• *Aktuelle Entwicklungen und Herausforderungen*

Die Veränderungen in der Arbeitswelt werfen viele Fragen auf, die tradierte Präventionsprogramme berühren. Neue Belastungsformen und andere Lebensweisen (z. B. „dinks" – double income no kids), erhöhte Individualisierung und Mobilität gehen mit einem veränderten Führungs- und Beratungsbedarf einher.

Neue „Süchte" Neue Drogen – neue Substanzen, v. a. leistungssteigernde Drogen und Medikamente und Problemverhalten im Bereich Computerspiele und Internet bringen in den Betrieben neue Probleme hervor. Auszubildende (und nicht nur sie) benutzen andere Drogen als vor 20 Jahren. Gefordert ist hier ein integrierter Ansatz für alle Mitarbeiter – statt der beliebten Gleichsetzung von Azubi und Drogenkonsument, die isolierte, fragwürdige und manchmal panische Aktivitäten nach sich zieht (vgl. Rummel, Rainer & Fuchs, 2000).

Alkoholprobleme sind unter den veränderten Bedingungen oft „schwerer zu greifen". Hochqualifizierte Arbeit nimmt zu – und ist schwerer zu beurteilen. Projektstrukturen erzeugen neue Nischen. Dass kulturell Gesundheit und Fitness immer mehr zum Leistungsstandard erhoben wird – Führen der eigenen Person, Selbstmanagement, Psychohygiene und selbst gute

14

Laune sind beim Selbstmarketing selbstverständliche Attribute des Leistungsträgers – bringt neue Tabuisierungen hervor. Über Probleme wird weniger gesprochen.

Besonders die Veränderungen in den Führungs- und Arbeitsstrukturen erfordern neue Ansätze. Ein Projekt-Koordinator ohne disziplinarische Kompetenzen muss auf Auffälligkeiten reagieren – wo ist sein Rückhalt? Ein multinationales Team geht zum Essen, ein Teil bestellt mittags Rotwein. Eine Fusion mit einer amerikanischen Mutter hat zur Folge, dass undiskutiert ein Drogenscreening eingeführt wird. Wer in dieser Situation in Vorgesetztenseminaren bei (an und für sich sinnvollen) Stufenplänen stehenbleibt, macht sich selbst zum „Fossil".

Veränderung der Arbeitsstrukturen

• *Auswirkungen einer inkonsistenten Alkoholpolitik*

Studien aus den U. S. A. verdeutlichen, dass gerade Inkonsistenz in der betrieblichen Alkoholpolitik die sozialen Voraussetzungen dafür schafft, dass sich trinkende Subkulturen ausbilden können, dass das problematische Trinkverhalten Einzelner zu lange toleriert wird und dass Alkohol- bzw. andere Suchtprobleme entsprechend „gedeihen" können (Janes & Ames, 1993).

In gewisser Hinsicht hat die Aufrechterhaltung einer eher unklaren und „offenen" Situation jedoch auch Vorteile, da sie „Nischen" sichert, in denen Alkoholkonsum erfahrungsgemäß zur Zielerreichung beiträgt. Dies gilt insbesondere im Hinblick auf die Schaffung von Kommunikationssituationen, in denen Alkohol lockert, Kontakt ermöglicht und freundliches Einverständnis symbolisiert.

Zum Schutz gegenüber Alkohol- und Drogenmissbrauch bestehen in einigen Organisationen formale Regelungen, die den Umgang mit Alkohol eingrenzen. Diese Regelungen sind jedoch in aller Regel recht unpräzise, z. T. Mitarbeitern und Führungskräften kaum präsent und lassen ein gewisses Vakuum für Ausnahmesituationen. Oft lässt die betriebliche Kommunikations- und Führungskultur gängelnde Verbote nicht zu (s. u.). Direkte Alkoholverbote beispielsweise passen nicht zu miteinander entwickelten Umgangsformen, die auf Kommunikation, Verantwortung und Mündigkeit des Einzelnen setzen. Informelle Spielregeln signalisieren den Mitarbeitern darüber hinaus oft etwas völlig anderes als die offiziellen Vorgaben.

Doppelbotschaften erschweren das Handeln

Derartige Doppelbotschaften erzeugen Bewertungsdilemmata: Für die Bewertung von Alkoholisierung am Arbeitsplatz ist nicht mehr ausschlaggebend, ob während der Arbeit sichtbar und beeinträchtigend Alkohol konsumiert wird. Entscheidend wird dann vielmehr, wer, wann, wie, in welchem Kontext, mit welchen Implikationen dieses Verhalten zeigt.

Die Tabuisierung betrieblicher Alkoholprobleme stellt sich als wichtige Schutzfunktion für den Einzelnen und als Möglichkeit zur Aufrechterhaltung widersprüchlicher Botschaften dar. Erst wenn klare betrieblichen Spielregeln zum Umgang mit Alkohol und mit Alkoholproblemen vorliegen und ein betriebliches Repertoire für konstruktive und funktionale Alternativen zum Alkoholkonsum entwickelt wird, kann der derzeitige Status quo in Frage gestellt werden. Erst hierdurch bietet sich die Chance zu einer Minderung der mit Suchtmittelkonsum einhergehenden Risiken.

1.6 Sonderfall Sucht: Wenn Probleme zur Krankheit werden

In der betrieblichen Reaktion auf suchtmittelbedingte Probleme ist die Frage, ob eine Abhängigkeit vorliegt, zunächst zweitrangig: Entscheidend ist, dass Vorgesetzte und Kollegen Auffälligkeiten ansprechen, bei akuter Beeinflussung durch Drogen konsequent reagieren und Veränderungsbedarf nachdrücklich klarstellen.

Im Laufe einer ernsthaften Auseinandersetzung zeigt sich dann, ob ein so angesprochener Mitarbeiter und Kollege sein Verhalten aus eigener Kraft verändern kann oder nicht. Liegt eine Abhängigkeit vor, ist dies in aller Regel nicht der Fall – meist bedarf es dann professioneller Unterstützung.

Suchtpotenzial von Drogen unterschiedlich

Drogen mit geringem Suchtpotenzial – wie z. B: Alkohol, Cannabis und bestimmte Medikamente – sind Drogen, bei denen eine Abhängigkeitsentwicklung nicht jeden Konsumenten betrifft und relativ lange dauert. Im Gegensatz dazu hat Heroin zum Beispiel ein hohes Suchtpotenzial: die Abhängigkeitsentwicklung verläuft sehr rasch und betrifft so gut wie jeden Konsumenten. Alkoholismus entwickelt sich dagegen über Monate bis Jahre ausgeprägten Alkoholkonsums – ausreichend Zeit, um psychische Abwehrstrategien auszubauen und sich auf die Situation „einzustellen".

1.6.1 Abhängigkeitsentwicklung

Eine Abhängigkeitsentwicklung ist ein multikausales Geschehen, bei dem körperliche, psychische und umgebungsbedingte Voraussetzungen mit der Eigenwirkung einer Droge interagieren.

Konsumstil und Abhängigkeitsentwicklung

Die Krankheitsentwicklung folgt je nach Konsumstil unterschiedlichen Mustern: Wird die Drogenwirkung stark zur Regulation von Gefühlen genutzt, wird meist die Dosis über Jahre hinweg gesteigert, um den ge-

16

Körperliche Aspekte

Alkohol greift wie andere Drogen in das Gleichgewicht der Botenstoffe im Nervensystem ein. Er wirkt auf das Belohnungszentrum des Gehirns, den Sitz von Lust- und Unlustgefühlen. Er beeinflusst die Ausschüttung körpereigener Opiate, so genannter Endorphine, die für Lust- und Glückserleben sorgen. *Alkohol wirkt dabei zweiphasig.*

– Phase 1: Das Steigen des Blutalkoholspiegels beim Trinken führt zu vermehrter Endorphinausschüttung. Dies wird als angenehm erlebt – je nach Situation und Menge als Beruhigung, Entspannung, Stärkung, Stimmungsaufhellung, Linderung. *Diese – leider kurze – Hauptwirkung motiviert uns zum Trinken.*

– Phase 2: Es folgt eine langsam einsetzende, gering ausgeprägte, aber anhaltende unangenehme Wirkung, wenn der Alkoholspiegel sinkt und das Abbauprodukt Acetaldehyd entsteht. Dieses führt im hormonellen Zusammenspiel zur Bildung von Stoffen, die die Endorphinaktivität beeinträchtigen. Erlebt wird dies als Unlust, Gereiztheit, Unruhe, Verstimmung, Depressivität oder Kater. Bei Menschen, die über lange Zeit viel Alkohol trinken, verändert sich die Verstoffwechselung von Alkohol in einer Weise, die einen noch größeren und nachhaltigeren Endorphinmangel nach sich zieht. Dies ist ein Grund für die Rückfallgefahr bei Alkoholismus. *Diese – leider längerdauernde – Nebenwirkung ist unangenehm.*

Die Zweiphasenwirkung, die sich auch bei anderen Drogen und Medikamenten in unterschiedlicher Ausprägung findet, macht das *Suchtpotenzial* einer Substanz aus: Denn die erneute Einnahme der Substanz kann die unangenehme Nebenwirkung stoppen! Hierdurch kann der Betreffende in einen Teufelskreis geraten, weil sich auf Dauer die unangenehmen Nebenwirkungen auftürmen und die Form von Entzugserscheinungen annehmen.

wünschten Zustand zu erreichen. Dics begünstigt so genannte Kontrollverluste über die eingenomme Dosis: die Einnahmemenge ist nicht mehr steuerbar. Kontrollverluste können anfänglich durchaus mit Phasen der Abstinenz wechseln, die meist die Funktion haben, den aus dem Ruder gelaufenen Konsum wieder „in den Griff zu bekommen". Die Toleranzentwicklung kann jedoch auch durch unreflektierten Alltagskonsum entstehen oder zusätzlich begünstigt werden. Viele Menschen konsumieren Alkohol nicht bewusst der Drogenwirkung wegen, sondern als gewohn-

Psychische Aspekte

Psychische Abhängigkeit entsteht in erster Linie aus dem Bedürfnis heraus, einen angenehmeren Zustand, ein angenehmeres Gefühl immer wieder herbeiführen zu wollen.

– Positive Erfahrung machen: Die ersten Erfahrungen mit Alkohol – wie auch mit anderen Drogen verlaufen in der Regel, wenn die ersten Geschmacks- und Überwindungshürden genommen sind – positiv. Vieles geht mit Alkohol ein bisschen besser, ein bisschen leichter.

– Positive Erfahrungen nutzen: Diese positiven Erfahrungen werden dann genutzt: Das Erleben wird wiederholt, bis sich eine feste Gewohnheit bildet. Das Trinken in bestimmten Situationen wird selbstverständlich, die Alkoholverträglichkeit steigt, mit der Zeit wird es ein bisschen mehr.

– Sich an die Nutzung gewöhnen: Die Gewöhnung führt dazu, dass Alkohol in vielen Situationen immer automatischer genommen wird, obwohl auch andere Alternativen verfügbar sind. Wer schlecht Nein sagen kann, wer in einer „feuchten", trinkfesten Umgebung lebt, hat es noch schwerer, etwas anders zu machen.

– Alternativen verlernen: Schließlich werden die Alternativen immer seltener genutzt – der Weg zum Kühlschrank ist einfach kürzer … und schließlich sogar verlernt. Der automatische Griff zum Alkohol oder anderen Suchtmitteln ist nicht mehr angenehm. Er macht sogar Schuldgefühle. Auch macht das Trinken immer weniger Spaß – es dient nur noch der Herstellung des Normalzustandes, der Funktionsfähigkeit.

– Auf die Nutzung angewiesen werden: Kommt dann noch körperliche Abhängigkeit auf Grund der Zweiphasenwirkung hinzu, wird der Ausstieg aus den eingefahrenen Bahnen immer schwerer.

heitsmäßig genutztes Entspannungs- und Genussmittel: In diesem Fall gewöhnt sich der Körper immer mehr an den Suchtstoff, man verträgt immer mehr und der Stoffwechsel wird auf den Konsum eingestellt. Fehlt der Suchtstoff, kommt es zu entsprechenden Entzugserscheinungen. Alkoholkranke erfahren im Laufe der Krankheitsentwicklung hierdurch irreversible Stoffwechselveränderungen. In späteren Stadien der Abhängigkeitsentwicklung gehen die geschilderten Konsummuster ineinander über.

Der Körper verlangt nach dem Suchtstoff, oftmals muss über den Tag verteilt der Suchtstoff zugeführt, also ein bestimmter Spiegel eingehalten eingehalten werden, um Entzugserscheinungen zu vermeiden.

Die Entzugssyndrome verlaufen je nach individueller Konstitution, nach Konsummuster und Drogentyp sehr unterschiedlich – bei Alkohol können sie lebensbedrohlich werden. Es ist daher in jedem Fall empfehlenswert, eine Entgiftung stationär oder mindestens unter ärztlicher Aufsicht vorzunehmen und ggf. medikamentös zu unterstützen.

In der Regel wird nach Alkohol- und Drogenentzügen die Totalabstinenz vom Suchtmittel empfohlen. Auch wenn diese Empfehlung immer wieder Gegenstand fachlicher Debatten ist, zeigt sich in der Praxis, dass der kontrollierte Umgang mit einem Suchtmittel für einen Abhängigen extrem viel Energieaufwand bedeutet: Es ist im Prinzip leichter, abstinent zu leben, als den Versuch zu unternehmen, ein altes und großteils automatisiertes Verhaltensmuster mit körperlichen Begleiterscheinungen „in Schach zu halten". Dies ist kein Argument, gemäßigten Alkoholkonsum im Einzelfall nicht als Therapieziel für Abhängige zu akzeptieren – die Suchttherapie hat sich weitgehend von strikten Dogmen verabschiedet, die „heilige Kühe" in den Zielstellungen und Begrifflichkeiten sind differenzierten Sichtweisen und Behandlungsangeboten gewichen (Berg & Miller, 1992/1993, Körkel, 1992).

Therapieziel Totalabstinenz ist nicht immer zwingend

• *Besonderheiten bei Medikamentenabhängigkeit*

Medikamentenabhängigkeit entsteht in der Regel auf Basis einer Befindensstörung, die medikamentös bekämpft wird. Besonders Schmerz- und Beruhigungsmittel können in eine Abhängigkeit führen, in vielen Fällen auch auf Basis unreflektierter ärztlicher Verordnungen. Je nach Konsummuster kann es zur Abhängigkeit von der ärztlich verordneten Dosis (Niedrigdosisabhängigkeit) oder aber auch zu Kontrollverlusten kommen.

Medikamentenentzüge sind langwieriger als Alkoholentzüge. Die Entzugssymptome lassen sich oft schwer von den Ursprungssymptomen unterscheiden und können noch Jahre nach der Entgiftung auftreten (Rebound-Effekte). Auf Grund der langanhaltenden Entzugserscheinungen (in Intervallen bis zwei Jahre nach der Entgiftung) ist die Rückfallgefahr besonders bei Benzodiazepinabhängigen sehr hoch.

Medikamente sind schwerer zu entziehen

Die Alkoholkrankheit ist durch Nichttrinken zum Stillstand zu bringen. Alkoholkranke sollten auch medikamentenabstinent leben (besonders bei Kreuztoleranz, z. B. Barbiturate), Medikamentenabhängige alkoholabstinent. Die Abstinenzforderung ist für Medikamentenabhängige oft schwer zu realisieren, da sie häufig verschiedene Krankheitsbilder zeigen.

19

> Im Kontakt mit Medikamentenabhängigen ist es sehr wichtig, die dem Missbrauch zu Grunde liegende Befindensstörung ernst zu nehmen.

Befindens-
störung ernst
nehmen

Medikamentenabhängige finden schwer Zugang zu Beratungsstellen, da sie nicht auffallen und sich selbst nicht als abhängig begreifen. Sie brauchen eben „ihr" Medikament. Ein Problembewusstsein tritt oft erst auf, wenn die Dosis erhöht werden muss, wenn es zu Beschaffungsproblemen und Rezeptfälschungen oder zu körperlichen Zusammenbrüchen kommt.

Alkoholkranke und Drogenabhängige nutzen Medikamente oft zur Steigerung des Alkoholeffekts, als Ersatzstoff oder zur Abpufferung von Entzugssymptomen. Mehrfachabhängige wissen oft besser Bescheid um wirksame Kombinationen als der Arzt. Sie sind schwer zu behandeln. Es besteht eine Tendenz auch zur Suchtverlagerung in Richtung nicht stoffgebundener Süchte.

• *Konsumrisiken bei Cannabis*

Cannabis (Haschisch) ist neben Alkohol und Nikotin die meistkonsumierte Droge unter Jugendlichen. Der Hauptwirkstoff Tetrahydrocannabinol (THC) beeinflusst die Gehirnaktivität durch gleichzeitige Dämpfung und Anregung des Limbischen Systems: Eindrücke der Zeitdehnung und Gefühlsintensivierung führen zu einer Veränderung des seelischen Erlebens. Austrocknung im Halsbereich und Erweiterung der Bronchien sowie Kreislaufanregung und Erhöhung der Pulsfrequenz sind körperliche Begleiterscheinungen. Für Herzkranke ist Cannabis deshalb eine große Gefahr, der hohe Teergehalt von Marihuana erhöht das Krebsrisiko. Die Wirkungsweise von Cannabis ist insgesamt stark person- und erwartungsabhängig.

Zwischen
Dämonisierung
und
Verharmlosung

An Cannabis scheiden sich die Geister. Während die einen den Stoff unzulässig dämonisieren, verharmlosen die anderen ihn auf eklatante Weise und begünstigen damit fahrlässig eine Unterschätzung durch die Konsumenten. Die simplifizierende Reduktion der Risiken auf die Frage, ob Cannabis nun abhängig mache oder nicht, fördert diese Verharmlosung (z. B. Soellner, 2000). Es wird inzwischen nicht mehr bestritten, dass Cannabis als „Medikament" positive Wirkungen entfalten kann und ein gemäßigter Konsum keinen größeren Schaden anrichtet als etwa gemäßigter Alkoholkonsum. Chronischer Missbrauch von Cannabis kann jedoch zu Wesensveränderungen wie Apathie, Lethargie, Rückzug auf sich selbst, Willensschwäche und drastisch verminderter Frustrationstoleranz führen. Dies gilt besonders für Jugendliche, die die Hauptkonsumentengruppe stellen. Praktikern sind die Teufelskreise bekannt, die durch Cannabiskonsum im Leistungsbereich (z. B. Schule) entstehen: Wird z. B. unmittelbar vor

Schul- oder Arbeitsbeginn Cannabis konsumiert, sind die Stunden danach erheblich beeinträchtigt. Ist wiederum die Leistung erst einmal eingebrochen, ist dem Ausweichen in die Droge Tür und Tor geöffnet. Die gewohnheitsmäßige psychische Entlastung durch Drogen ist für sich genommen ein Abhängigkeitsrisiko, weil sie mit dem Verlernen von Alternativen einhergeht. Dass ein „Joint" heutzutage um ein vielfaches konzentrierter ist als die Haschischzigaretten der 60er Jahre, ist dabei oft nicht einmal bekannt. Wird Cannabis zusammen mit Alkohol konsumiert, sind die Wechselwirkungen unkalkulierbar.

Die Auseinandersetzungsmuster von auffälligen Cannabiskonsumenten sind wie bei anderen Drogenkonsumenten auch geprägt vom Ignorieren gegenläufiger Information, Abwehr und Ausweichen. Es liegt auf der Hand, was dies für den Leistungs-, Qualitäts- und Sicherheitsbereich bedeutet: So gehört etwa die „Rauschfahrt" unter dem Einfluss von THC offenbar für die Hälfte der cannabispositiven Verkehrsauffälligen zum Normalfall (BASt-Untersuchung der Universität des Saarlandes, 1994).

1.6.2 Co-Abhängigkeit: Ein sinnvoller Begriff im betrieblichen Kontext?

Wer in engem sozialen Kontakt mit einem Abhängigkeitskranken steht, ist oftmals emotional verstrickt und unbewusst oder mindestens (von guter Absicht getragen) an der Aufrechterhaltung des Status quo beteiligt. Veränderung ist angstbesetzt – auch für Angehörige, die sich mit in den Zustand der Krankheit hineinentwickelt haben. Systemiker sprechen daher bisweilen davon, dass der Abhängigkeitskranke Symptomträger in einem (co-)abhängigen Gesamtsystem ist. Diese Sichtweise ist für Familiensysteme fruchtbar und gibt wertvolle Hinweise für die therapeutischen Interventionen, die i. d. R. die Angehörigen von Suchtkranken miteinbeziehen.

Im betrieblichen Kontext verführt der Begriff der Co-Abhängigkeit jedoch dazu, entweder mehr Beziehung und Bindung anzunehmen als wirklich vorhanden ist, oder aber das Umfeld eines Suchtkranken unnötig zu pathologisieren. Es ist empfehlenswert, sehr genau zu betrachten, aus welchen Gründen ein Mitarbeiter mit Suchtproblemen nicht angesprochen wird, aus welchen Gründen begonnene Auseinandersetzungen nicht konsequent weitergeführt werden oder weshalb bestimmte notwendige Interventionen aus dem Umfeld heraus nicht stattfinden.

Unnötige Pathologisierung

Denn nicht immer liegt der Grund in einer Verstrickung, die einen gewissen Profit des Umfeldes beinhaltet, auch wenn häufig das Gesetz „Tust du mir nichts, so tu ich dir nichts" zur Aufrechterhaltung von Nischen und Schlechtleistung beiträgt. Oftmals wird aus ganz anderen Motiven nicht interveniert – aus Angst, eine Krise auszulösen, den Zustand des Mitarbeiters zu verschlimmern, aus der Unsicherheit, dem Betreffenden Schaden zuzufügen, oder weil man sich nicht zuständig oder legitimiert fühlt. Statt mit Begriffen wie Coabhängigkeit diese Unterschiede zu verwischen, empfiehlt es sich deshalb im betrieblichen Kontext, differenzierte und lösungsorientierte Handlungsansätze zu entwickeln und betrieblich zu unterstützen (Rummel, 2002).

1.6.3 Auseinandersetzung mit Abhängigkeitskranken

Für die Auseinandersetzung mit Abhängigkeitskranken ist wichtig zu wissen, dass die Krankheit mit spezifischen Realitätskonstruktionen einhergeht, die Verleugnungscharakter haben. Vereinfacht lässt sich das Verarbeitungsmuster in einer „Suchtspirale" beschreiben:

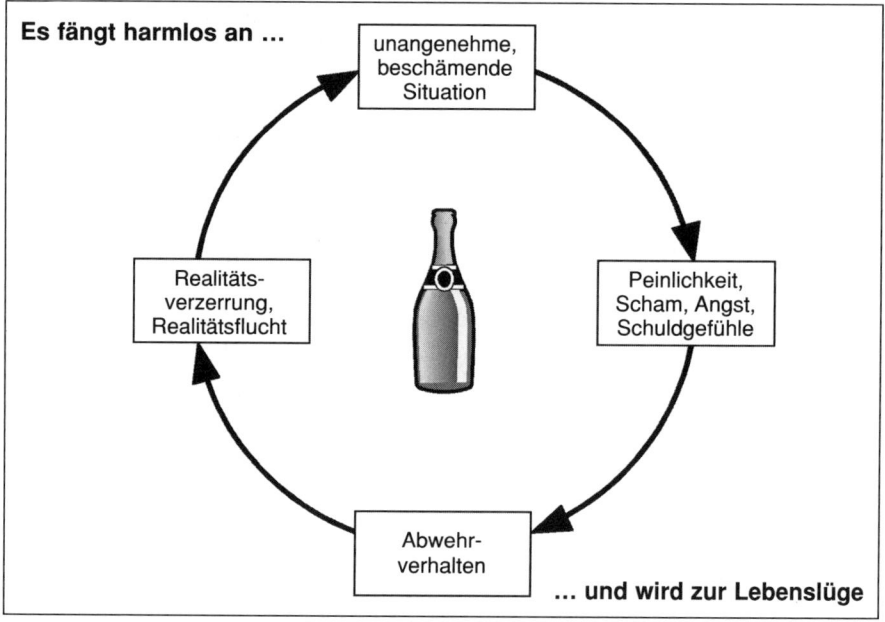

Abbildung 2:
Spirale der Abhängigkeit

Der „Ausgangspunkt" der „Abhängigkeits-Spirale" ist beliebig. So können bestimmte Auffälligkeiten und beschämende Situationen, ein eingeschränktes Selbstwertgefühl und damit verbundene Unsicherheit und Angst die Selbstmedikation durch Alkohol und andere Drogen fördern. Mangelndes Risiko- und Problembewusstsein als verzerrte Informationsbasis können unreflektierten Konsum begünstigen, usw.

22

Abwehrreaktionen auf beschämende Situationen sind normal: Je beschämender das Ereignis, desto heftiger fällt normalerweise auch die Abwehrreaktion aus. Lernen erfolgt über die Zeit, indem man die Probleme teilweise und in verdaubaren „Portionen" an sich heranlässt. Bleiben diese Lernvorgänge aus oder werden in einer weiteren Drogenzufuhr „ertränkt", wiederholen sich die Muster: Es kommt wiederholt zu Auffälligkeiten und negativen Erfahrungen, ohne den Suchtstoff wird die Bewältigung immer schwieriger. Entsprechend fließt immer mehr Energie in die psychische Abwehr. Filmrisse und Gedächtnislücken füllen sich mit interessengeleitet zurechtgebogenen Geschichten, an die die Person am Ende selbst glaubt.

> *Das habe ich getan, sagte das Gedächtnis. Das kann ich nicht getan haben, sagte der Stolz. Und endlich gab das Gedächtnis nach.* Friedrich Nietzsche

So wird die Realität permanent und in immer stärkerem Ausmaß abweichend von der Sichtweise des Umfeldes konstruiert: Die Abhängigkeit vom Suchtstoff braucht eine dauerhafte Legitimation, und die Probleme müssen heruntergespielt werden. Im chronischen Stadium haben Abhängigkeitskranke häufig ein Bild von sich und der Realität ausgebildet, das einer Lebenslüge gleicht. Auf der Basis, sich selbst zu belügen, ist es vergleichsweise einfach, auch andere zu belügen:

> *Sein Gewissen war rein, denn er benutzte es nie.* Stanislav Lee

Auf diese Weise wird die Verantwortung für das eigene Leben, die eigenen Taten, die eigene Situation wird mehr und mehr aus der Hand gegeben.

Das Muster selbst ist nicht suchtspezifisch – Abwehr ist eine überlebensnotwendige psychische Funktion – jedoch bei Suchtkranken so stark ausgeprägt, dass es die Auseinandersetzungspartner stark verunsichern kann. Bricht die Abwehr phasenweise ein, sind Suchtkranke suizidal. Eine Suizidankündigung im Rahmen einer betrieblichen Auseinandersetzung ist unbedingt ernstzunehmen. Auch deshalb ist die konstruktive und konsequente Konfrontation mit Auffälligkeiten unbedingt und nachdrücklich durch Hilfeangebote zu ergänzen: Die Konfrontation löst eine Krise (auch eine Krise der Abwehr) aus, die extrem verunsichernd und angstbegleitet ist. Das Aufzeigen von Wegen und Lösungsmöglichkeiten ist enorm bedeutsam für den Erfolg. Die Qualität der ersten Beratungskontakte spielt dabei eine wichtige Rolle.

Die grundsätzlichen Gesprächsstrategien in der Intervention sind nicht abhängig davon, ob der Gesprächspartner abhängig ist oder nicht – wie bereits ausgeführt, ist das für den Arbeitsansatz sekundär: Es kommt darauf an, den Status quo zu durchbrechen, Veränderungsbedarf aufzuzeigen und Konsequenz und Unterstützung in einer wertschätzenden Grundhaltung miteinander zu verbinden.

Allerdings ist im Kontakt mit Abhängigen eine extrem hohe eigene Klarheit und Konsequenz gefordert: Wer selbst „feldabhängig" und zu stark involviert ist, sich schnell in seinen eigenen Wahrnehmungen verunsichern lässt und die eigenen Schritte nicht konsequent durchdenkt, wird schnell in die Konstruktionen des Gesprächspartners hineingezogen.

2 Modelle der betrieblichen Suchtprävention

2.1 Entwicklung und Arbeitsansatz

Die ersten betrieblichen Alkoholprogramme am Arbeitsplatz entwickelten sich zu Beginn der 40er Jahre in den U.S.A. aus der Selbsthilfebewegung der Alcoholics Anonymous (AA) heraus. Seit den 80er Jahren haben betriebliche Präventionsprogramme auch in der Bundesrepublik Deutschland enorme Verbreitung gefunden und gehören heute branchenübergreifend zu einem modernen Personalmanagement. Standen zu Beginn der 80er Jahre noch Einzelaktivitäten und Erprobung verschiedenster Maßnahmen im Vordergrund, können wir heute von praktisch bewährten Standards betrieblicher Suchtpräventionsprogramme ausgehen.

• *Schwerpunkt Alkohol*

Behandlungs-motivation schaffen und erhalten

Beim Thema Alkohol stehen im beruflichen bzw. betrieblichen Umfeld eindeutig die mit am wirkungsvollsten Interventionsmöglichkeiten zur Verfügung. Im Gegensatz zu vielen anderen psychosozialen Störungen ist das zentrale Problem im Umgang mit Alkoholproblemen eher die Schaffung und Aufrechterhaltung der Behandlungsmotivation als die Behandlung selbst. Entsprechend besteht die Logik der Intervention in einer Verbindung von konstruktiver Grenzsetzung und klaren Hilfeangeboten. Gerade durch eine Konfrontation mit den negativen Auswirkungen am Arbeitsplatz kann die Notwendigkeit einer Verhaltensänderung bzw. die Annahme von Hilfsangeboten eindringlich verdeutlicht werden. Hier können Vorgesetzte durch eine konsequente Wahrnehmung ihrer Fürsorgeverantwortung in Verbindung mit ihrer Weisungs-, Kontroll- und Sanktionsbefugnis einen erheblichen Beitrag zum Aufbau einer Behandlungsmotivation leisten.

Die positivsten Erfahrungen liegen aus Unternehmen vor, in denen Führungskräfte über eine Kompetenzerweiterung im Umgang mit betrieblichen Alkohol- bzw. Suchtproblemen auch in die Lage versetzt wurden, ziel- und ergebnisorientiert auf andersgeartete schwierige personelle Führungsaufgaben zu reagieren. Denn die Interventionen fordern Führungskräften Mut,

Durchsetzungskraft und Konfliktbereitschaft in einem überaus stark tabuisierten Feld ab. Eine entsprechende Unterstützung der Vorgesetzten kann daher generell zur Erweiterung ihrer Führungskompetenz beitragen.

Die Gefahr, dass dieser Aspekt bei der Integration der Maßnahmen zur Alkoholprävention etwa in ein breit angelegtes Gesundheitsförderungsprogramm vernachlässigt wird oder verloren geht, ist außerordentlich hoch. Es ist daher nach wie vor sinnvoll, das Thema Alkohol in eigenständigen Maßnahmen zu fokussieren und diese dann auch beim Namen zu nennen.

> Die Fokussierung auf das Thema Alkohol erscheint bei betrieblichen Präventionsprogrammen berechtigt und sinnvoll – wegen der Bedeutung der Thematik, und weil Aktivitäten auf der Führungsebene im Zentrum der Maßnahmen stehen. Die innerbetrieblichen *Hilfesysteme* sollten dagegen nicht auf Alkohol- und Suchtproblreme begrenzt werden.

Das betriebliche Hilfesystem hat eine Clearingfunktion und sollte auch bei Interventionen mit unklarem Problemhintergrund eine Orientierung bieten können. Bereits in den 60er Jahren wurde in den U. S. A. die enge Orientierung der Hilfeprogramme (EAP) ausschließlich auf die Alkoholkrankheit aufgegeben. Um unnötige Stigmatisierung zu vermeiden und die Vorgesetzten nicht in die Rolle der Diagnostiker oder Laientherapeuten zu bringen, wurde darauf geachtet, die Hilfen breiter anzulegen und Mitarbeitern mit persönlichen oder familiären Problemen generell den Weg zu professioneller Beratung zu erleichtern. Dieses Verfahren hat ist, was die Bereitstellung von Hilfsangeboten anbelangt, außerordentlich gut bewährt, auch wenn der Fokus im Aufbau entsprechender Interventionsstrategien nach wie vor deutlich beim Alkohol liegt.

• *Schwerpunkt Gesundheitsförderung*

In der Fachdiskussion wird mit Recht die Frage gestellt, inwieweit anderen Gesundheitsproblemen und auch dem zunehmenden Medikamentenmissbrauch mit klassischen Interventionsstrategien aus Alkoholprogrammen ausreichend begegnet werden kann. Rein auf Angebotsstrukturen ausgerichtete Gesundheitsförderungsprogramme reichen für die Bewältigung von Alkoholproblemen nicht aus bzw. gehen am Kern des Problems vorbei. Andere Sucht- und Gesundheitsprobleme erfordern wiederum einen breiteren Ansatz – der auf Alkohol fokussierte Maßnahmen allerdings nicht ersetzen kann:

Zum Beispiel werden reine Medikamentenprobleme, wenn sie nicht gleichzeitig mit auffälligem Trinkverhalten einhergehen, vom betrieblichen Umfeld, wenn überhaupt, erst sehr spät wahrgenommen, da mit Hilfe der Medikamente die Leistungsfähigkeit über lange Zeiträume gerade stabilisiert wird. Beim Auftreten von Leistungsproblemen oder Verletzungen der arbeitsvertraglichen Verpflichtungen können und werden sich die Betroffenen häufig auf ärztliche Verordnungen berufen, was die Intervention komplizierter macht. Hinzu kommen durch die oft geringere Belastbarkeit Probleme in der Nachsorge und Wiedereingliederung.

Die Logik der Alkohol-programme lässt sich nicht direkt auf andere Gesund-heitsprogramme übertragen

Bei anderen psychosozialen Krisen wie Erschöpfungszuständen, Depressivität und psychosomatischen Beschwerden scheint die Verknüpfung mit breiter angelegten Gesundheitsförderungs- und Stressbewältigungsprogrammen erfolgversprechender. Diese müssen sowohl eine gesundheitsverträgliche und persönlichkeitsförderliche Arbeitsgestaltung im weitesten Sinne als auch den individuellen Umgang mit Befindlichkeitsstörungen thematisieren. Schon aus diesem Grund ist die umstandslose Übertragung der Strategien (insbesondere die abgestuften Interventionsketten!) auf allgemeine Gesundheitsprobleme oder das Fehlzeitenmanagement mehr als fragwürdig.

Einmal abgesehen von Fragen der arbeitsbedingten Erkrankungen, Berufs- und Erwerbsunfähigkeit, Schwerbehinderung, Frühinvalidität usw., besteht eine mehr oder weniger strikte Trennung zwischen der Arbeitswelt und der medizinischen Sphäre, innerhalb derer sich Behandlungs- und Genesungsprozesse vollziehen. Der betriebliche Umgang mit Gesundheitsproblemen kann im Einzelfall Strategien erfordern, die auf eine Veränderung der Arbeitsbedingungen bis hin zur Schaffung eines betrieblichen Schonraums ausgerichtet sind. Dies gilt vor allem dann, wenn eine Behandlungsmotivation gegeben, die erkrankungsbedingte Belastbarkeit aber eingeschränkt ist. Die eigentliche Bewältigung der Problematik wird meist außerhalb des Betriebes geleistet.

• *Schwerpunkt Konfliktmanagement*

Als Führungs- und Kommunikationsthema weisen Alkohol- und Suchtprogramme einen engen Bezug zu der Kommunikations- und Feedback-Kultur des Unternehmens auf. Die Intervention bei Alkoholproblemen ist im Grunde ein spezifisches, personbezogenes Feedbackgespräch mit häufig konflikthaftem Verlauf. Die Führungs- und Kommunikationskultur der Organisation entscheidet maßgeblich darüber, wie das Thema „angefasst" wird – die Integration in allgemeine Führungsseminare jedoch reicht nicht aus, um der Tabuisierung der Thematik gerecht zu werden – eine explizite Thematisierung ist deshalb sinnvoll. Damit ergeben sich für ein entwickeltes Programm differenzierte Bezüge.

2.2   Ziele und Handlungsfelder

Betriebliche Alkoholpräventionsprogramme haben zum Ziel, Veränderungen im betrieblichen Umgang mit Alkohol einzuleiten, die betrieblichen Folgeprobleme zu reduzieren und betroffenen Mitarbeiterinnen und Mitarbeitern rasche und sachkundige Hilfe zukommen zu lassen.

26

Ziele
– Reduktion des Konsumniveaus/Prävention – Veränderung der Führungs- und Kommunikationskultur/Intervention – Schnelle und effiziente Hilfeangebote

Damit ergeben sich für die Aufgabenstellung im Rahmen eines Betriebsprogramms drei grundlegende Entwicklungslinien, in deren Rahmen Einzelmaßnahmen durchgeführt werden können:

Die Beeinflussung konsumfördernder Bedingungen erfordert Maßnahmen, die auf eine Veränderung der betrieblichen Trinkkultur und den direkten Konsum am Arbeitsplatz abzielen, wie etwa durch **Suchtmittel-konsum beeinflussen**
– Spielregeln zum Konsum
– Maßnahmen zur Beeinflussung der Griffnähe.

Hinzu kommen Maßnahmen, die primärpräventiv an Bedingungen ansetzen, die im Zusammenhang mit dem Gesamtkonsum stehen (also auch den Konsum vor und nach der Arbeit). Der individuelle Alkoholkonsum lässt sich direkt oder indirekt beeinflussen durch
– Veränderung von Arbeitsbedingungen, die Suchtmittelkonsum fördern
– Maßnahmen, die über Konsumrisiken aufklären und damit auf das außerbetriebliche Konsumverhalten abzielen.

Die Beeinflussung der betrieblichen Alkoholkultur sowie die Intervention im Einzelfall erfordert eine *Veränderung der Führungs- und Kommunikationskultur*. Dies geschieht in erster Linie über **Die Führungs-kultur verändern**
– Maßnahmen zur Implementierung der Spielregeln
– Vereinbarungen zum Umgang mit Alkoholauffälligkeiten (Regelverletzungen)

In erster Linie sind hier Vorgesetzte auf allen Hierarchieebenen angesprochen, die Verantwortung für die innerbetrieblichen Spielregeln im Umgang mit Alkohol und für die Ansprache und Auseinandersetzung mit alkoholauffälligen Mitarbeiterinnen und Mitarbeitern tragen. Es hat sich bewährt, die Führungskräfte entsprechend zu schulen. Durch gezielte thematisch auf Alkohol- und Drogenprobleme fokussierte Trainingsmaßnahmen können die Kompetenzen der Intervention und Gesprächsführung erweitert werden. Zeitnahe Angebote für den Einzelfall (Coaching) sind eine sehr sinnvolle Ergänzung. Zielgruppenspezifische Maßnahmen wie z. B. Angebote für Auszubildende, und besondere Angebote für bestimmte Arbeitsbereiche können aufbauend implementiert werden.

Diese beiden Entwicklungslinien, die auf die Organisationskultur abzielen, werden sinnvoll ergänzt durch den *Aufbau eines niedrigschwelligen innerbetrieblichen Hilfeangebots*. Größeren Betrieben ist anzuraten, eine professionelle betriebliche Sozialberatung aufzubauen, um Mitarbeiterinnen **Hilfeangebote aufbauen** und Mitarbeitern mit persönlichen Problemen rasch zu helfen, sie im Sinne eines Clearings bei der Problembewältigung zu unterstützen und ggf. in Zusammenarbeit mit dem betriebsärztlichen Dienst an entsprechende Facheinrichtungen zu überweisen. Häufig sind die Angebote integriert in das klassische Betreuungsangebot der betrieblichen Sozialarbeit. De facto stellen Suchtprobleme einen sehr großen Teil der Betreuungsarbeit dar.

Darüber hinaus sind viele Unternehmen dazu übergegangen, sog. nebenamtliche betriebliche Suchtkrankenhelferinnen und Helfer auszubilden, die – auf Basis einer entsprechenden Weiterbildung – als Ansprechpartner auf kollegialer Basis für Suchtprobleme zur Verfügung stehen.

2.3 Steuerung

Langfristig denken
Die angezielten Veränderungen berühren im Kern wichtige Bereiche der Unternehmenskultur. Schnelle, kurzfristige Erfolge sind nicht zu erwarten. Unkoordinierte und ungenügend in ein Gesamtkonzept eingebettete Einzelmaßnahmen verpuffen oder hinterlassen nach euphorischen Anfangserfolgen eher Ernüchterung und Enttäuschung. Die Praxis zeigt, dass Programme, die auf einen langfristigen Veränderungsprozess ausgelegt sind, die größeren Erfolgsaussichten haben. Hierzu ist ein Arbeitskreis oder eine Projektgruppe mit klarem Arbeitsauftrag als Steuerungsgremium erforderlich. Unter Einbezug der Mitbestimmungsgremien und betrieblicher Fachkompetenz sollte die Leitung in den Händen eines entscheidungsbefugten Vertreters des Unternehmens liegen.

Im Sinne einer für alle Organisationsmitglieder transparenten „Politik des Hauses" und auf Basis geltender Rechtsprechung enthalten die meisten Programme ein abgestuftes, auf die betrieblichen Bedürfnisse zugeschnittenes Interventionsprogramm für den Umgang mit Alkoholauffälligkeiten im Einzelfall (Stufenplan).

Darüber hinaus besteht die Chance, das betriebliche Gesamtprogramm verbindlich zu fixieren und allen Mitarbeiterinnen und Mitarbeitern sowie den Führungskräften an die Hand zu geben. Die Rechtsform reicht von einseitigen Willenserklärungen, Selbstverpflichtung des Arbeitgebers bis hin zu Betriebs- und Dienstvereinbarungen.

2.4 Betriebliche Alkohol-Interventionen als Change Prozess

Unabhängig davon, ob ein Gesamtprogramm mit dem Ziel einer Kulturveränderung implementiert wird, ob die Verhaltensgewohnheiten auf Teamebene diskutiert werden oder ob ein einzelner Mitarbeiter auf Auffälligkeiten angesprochen wird – in allen diesen Fällen wird Veränderung initiiert.

28

Entwicklungs-linie I	Entwicklungs-linie II	Entwicklungs-linie III
Senkung des Konsumniveaus	Konstruktive Intervention	Beratungs- und Hilfesystem
(Primärprävention)	(Führungs- und Kommunikations-kultur)	(Sekundär- und Tertiärprävention)
Arbeitsansätze: – Spielregeln zum Konsum – Reduktion der Griffnähe – Aufklärung – Arbeitsgestaltung – Angebote zur Gesundheits-förderung	**Arbeitsansätze:** – eindeutige Ziel-kommunikation – Spielregeln für die Intervention („Stufenpläne") – themenbezogene Entwicklung der Führungs- und Kommunikations-kultur – Vorgesetztentraining – Coaching	**Arbeitsansätze:** – Professionelle betriebliche Sozialberatung (Festeinrichtung oder Sprech-stundenmodell) – Kollegiale Berater – Betriebsärztlicher Dienst – Vernetzung mit externen Beratungs- und Behandlungs-angeboten
Bezüge: – Führungskräfte-entwicklung – Qualitätssicherung – Betriebliche Gesundheits-förderung (Fehlzeiten, Stress, Work Life Balance) – Arbeitsgestaltung – Arbeitssicherheit	**Bezüge:** – Führungskräfte-entwicklung – Feedback-Kultur und Mitarbeiter gespräche (Kommunikation und Konfliktmanagement, Gesundheits-förderung)	**Bezüge:** – Betriebliche Gesundheits-förderung und Sozialarbeit – Personalbetreuung – Sozialleistungen

Steuerungskreis
Besetzung: Entscheidungsträger aus Personalwesen, Interessenvertretung, Linie, Hilfesystem
Ggf. Betriebs- oder Dienstvereinbarung (Grundlinien, Ressourcen)

Abbildung 3:
Entwicklungslinien eines Alkoholpräventionsprogramms

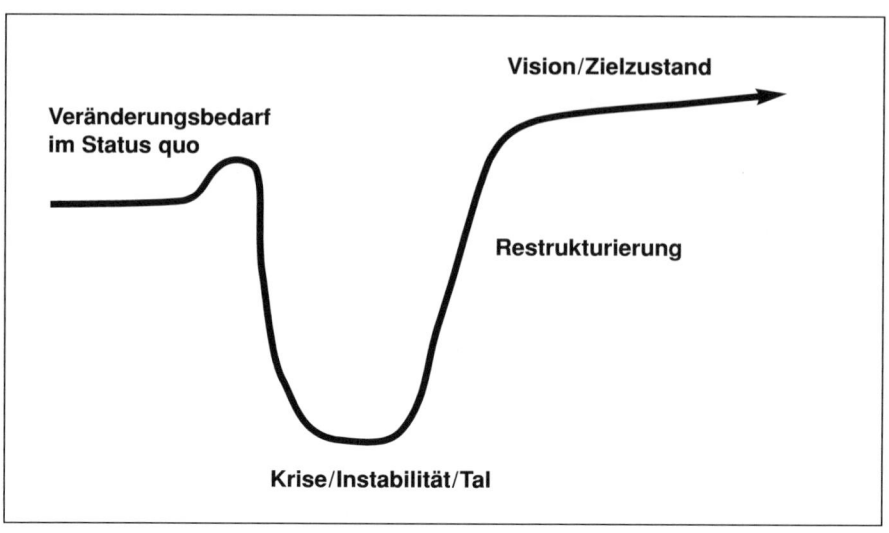

Abbildung 4:
Veränderungskurve

Führungskräfte auf jeder Organisationsebene werden dabei aktiv, indem sie den Status quo mit hoher Dringlichkeit als veränderungsbedürftig definieren und dies klar kommunizieren. Um einen „Prozessmusterwechsel" (ein Begriff des Change-Experten Peter Kruse) zu erzeugen, ist ein kommunikativer Dreischritt erforderlich:

– *Irritation* (Störung des alten Musters: Durchbrechung des Status quo)
– *Involvieren* (Dringlichkeit, Transparenz und Beteiligung der Adressaten)
– *Wiederholen* (Überkommunikation der Vision, der Botschaft für das neue Muster)

Die Irritation entsteht durch klare Infragestellung des Status quo und Überkommunikation des Veränderungsbedarfs (Kotter, 1996). Mit der Irritation wird eine Krise erzeugt, denn das bisherige Verhaltensmuster wird destabilisiert. In der Phase der Destabilisierung besteht die Führungsanforderung darin, den Prozess zu „halten", d. h. nicht aus dem Kontakt zu gehen und ermutigend und unterstützend zu kommunizieren. Die Kernwerte der Beteiligten – das, was den Menschen wirklich wichtig ist und sie auch in schwierigen Situationen stabilisiert und motiviert – sichern dabei den Kontakt.

In der Phase der Restrukturierung ist es sinnvoll, die Vision (Zielzustand) überzukommunizieren und alle Versuche, die bereits „in die richtige Richtung gehen", aktiv und bewusst zu unterstützen und zu belohnen, auch wenn der Erfolg noch nicht vollständig eingetreten ist.

Diese Prinzipien gelten unabhängig davon, auf welcher Systemebene Prozesse angestoßen werden.

Beispiele

- Ein Betrieb, der sich für eine Punktnüchternheitskampagne entscheidet und die Bierautomaten entfernt, muss mit einer Phase der Irritation rechnen; über betriebliche Feiern wird Verunsicherung entstehen, bevor die neuen Spielregeln allgemein akzeptiert und in alternative Verhaltensweisen umgesetzt sind. Um den Zielzustand eindeutig kommunizieren zu können, muss auf Eindeutigkeit der Botschaften geachtet werden (z. B. Abschaffung des Alkoholausschanks).

- Ein Vorgesetzter, der einen Mitarbeiter lange gedeckt hat und nun aktiv wird, setzt sich ebenso der Instabilität eines Prozessmusterwechsels aus wie dies dem angesprochenen Mitarbeiter zugemutet wird. Er wird durch eine Phase höchster Verunsicherung gehen, die möglicherweise von Schuldgefühlen und Ängsten begleitet ist.

- Ein Team, das von einem neuen Vorgesetzten hört, dass Mitarbeiter mit Restalkohol künftig nach Hause befördert werden, wird verunsichert reagieren, wenn dies bisher nicht üblich war. Die Entwicklung neuer Spielregeln ist diskussionsbedürftig. Es ist notwendig, den Veränderungsbedarf zu erklären.

- Ein Betrieb, der eine Serie von Führungskräfteschulungen zum Thema Suchtmittelmissbrauch durchführt, wird bei Führungskräften auf Irritation und möglicherweise Unmut stoßen, wenn der Veränderungsbedarf noch nicht allseits gesehen und für den eigenen Führungsbereich angenommen wird. Wird dem Anliegen keine Dringlichkeit beigemessen, werden die Schulungen nicht in Anspruch genommen.

- Sozialberater, die (nach einer Irritation) von einem Mitarbeiter aufgesucht werden und um Unterstützung gebeten haben, stehen vor der Anforderung, die Prozesse in der instabilen Phase vor, während und nach der Restrukturierung zu stützen: Ihre Aufgabe ist es, den neuen Weg zu begleiten, zu ermutigen, Wege aufzuzeigen und bei der Überführung in nachhaltig gesicherte Veränderung zu helfen.

Betriebliche Veränderungsprozesse werden aus der Linie heraus geführt. Dies gilt auch für betriebliche Suchtprävention: Den Führungskräften kommt auf jeder Ebene eine Schlüsselrolle zu. Zwar werden Präventionsprogramme manchmal „von der Seite" angestoßen – etwa von aktiven Betriebsärzten, Sozialberatern oder auch Betriebs- und Personalräten. Wird die Führungsanforderung jedoch in der Linie nicht aufgegriffen und der Veränderungsbedarf „verschlafen", dann bleiben gut gemeinte Aktivitäten engagierter „Missionare" auf der Strecke, weil die Organisation sich das Veränderungsanliegen nicht zueigen macht (Fuchs, 1992).

Während der Veränderungsimpuls in der Regel von Vorgesetzten ausgeht und diese auch das Tal führen müssen, sind Beratungsangebote als Stützprozesse zu begreifen, die besonders in der Phase der Krise und Restrukturierung gefragt sind. Die klare Trennung zwischen Intervention und Beratung kann in der betrieblichen Suchtprävention durchgängig als Erfolgsfaktor angesehen werden.

3 Entwicklungslinien und Maßnahmeempfehlungen

3.1 Entwicklungslinie 1: Senkung des Konsumniveaus (Primärprävention)

Primärpräventive Maßnahmen zielen direkt oder indirekt auf eine grundsätzliche Reduzierung des Alkoholkonsums ab, um über diesen Weg Risiken und Kosten für den Betrieb, aber auch Gesundheitsschäden für den Einzelnen zu minimieren.

Beeinflussung des betrieblichen Suchtmittelkonsums

Der betriebliche Suchtmittelkonsum lässt sich *direkt* durch zwei Wege beeinflussen:
1. Regeln, die den Alkohol- und Drogenkonsum einschränken oder verbieten, verbunden mit klaren Konsequenzen von Regelverletzungen
2. Einschränkung der Zugriffsmöglichkeiten

Eine *indirekte* Beeinflussung ist durch folgende Wege möglich:
3. Präventive Arbeitsgestaltung
4. Aufklärung und Aufbau von Alternativen

Klare Spielregeln sind wichtig

Klare Spielregeln bezogen auf Suchtmittelkonsum können in ihrer betrieblichen Bedeutung nicht hoch genug eingeschätzt werden. Die Forderung, nüchtern zu arbeiten, bezieht dabei ihre Legitimation aus dem Bereich Leistung, Qualität und Arbeitssicherheit, weniger aus Argumenten der Gesundheitsförderung. Als Seiteneffekt ist diese Spielregel jedoch auch primärpräventiv: Denn auf Basis klarer Konsumregeln ist eine frühe Intervention bei Regelverstößen möglich, die das Gedeihen von Problemen verhindert und „suchtmittelfreie Zonen" erzeugt.

Unter dem Aspekt Gesundheit dürfen primärpräventive Maßnahmen jedoch nicht allzu eng auf ein Suchtmittel ausgerichtet sein. Unterstellt man, dass Alkohol mit seinen enthemmenden, spannungslösenden und stimmungsaufhellenden Effekten neben allen Genussaspekten auch eingesetzt wird, um mit Konflikten, Stress, Belastungen und Problemen zurechtzukommen oder soziale Situationen zu gestalten, dann muss man bei einer Einschränkung des Alkoholkonsums mit sogenannten expandierenden Effekten rechnen: Wenn keine konstruktiven Alternativen zur Verfügung stehen, bleibt das Hintergrundproblem ungelöst. Möglicherweise werden Kräfte zur Schaffung konstruktiver Alternativen freigesetzt. Vielleicht wird aber auch das Suchtmittel gewechselt, oder es kommt anderweitig zu Befindensproblemen oder psychosomatischen Störungen. Der „Preis" ist auf den ersten Blick eher „unsichtbar".

Primärprävention nicht zu eng auf Suchtmittel ausrichten

Primärpräventive Maßnahmen, die an Einflussfaktoren für den Konsum ansetzen, sollten daher auf die Schaffung gesundheits- und persönlichkeitsfördernder Bedingungen sowie konstruktiver Alternativen zum Alkoholkonsum ausgerichtet sein.

3.1.1 Suchtmittelbezogene Regeln und die Funktion von Tests und Screening: Möglichkeiten und Empfehlungen

Die allgemeinen Bestimmungen der Unfallverhütungsvorschriften (UVV § 38 VBG1) enthalten ein sogenanntes „relatives Suchtmittelverbot". Der Konsum von Alkohol und Drogen wird nicht generell verboten. Versicherte dürfen sich allerdings durch den Konsum nicht in einen Zustand versetzen, in dem sie sich selbst oder andere gefährden. Verstoßen Arbeitnehmerinnen oder Arbeitnehmer gegen dieses Gebot, dürfen sie nicht beschäftigt werden. Je nach Schweregrad müssen sie von den Arbeiten entbunden oder gar vom Arbeitsplatz entfernt werden.

Unfallverhütungsvorschriften

Legt man zu Grunde, dass ab 0,3‰ Blutalkoholkonzentration eine Beeinträchtigung verschiedener leistungsrelevanter Körperfunktionen nachgewiesen werden kann, so bietet diese allgemeine Bestimmung theoretisch eine relativ deutliche Regel, die Nüchternheit am Arbeitsplatz verlangt.

Die betriebliche Praxis zeigt jedoch, dass die Vorschrift in der Regel keinesfalls in diese Richtung interpretiert wird. Zwar sind viele Führungskräfte der Auffassung, dass Arbeit und Alkohol im Prinzip unvereinbar sind; ein relativ großer Teil aber toleriert ein bestimmtes Ausmaß an Alkoholkonsum im Rahmen der Arbeitstätigkeit.

Alkoholverbote

Alkoholverbote sind im Prinzip durchaus geeignet, den betrieblichen Alkoholkonsum einzuschränken, da sie eine klare und eindeutige Verhaltensaufforderung darstellen, die wenig Interpretationsspielraum beinhaltet. Allerdings sind die Einführung, die Durchsetzung und vor allem die Umsetzung von Alkoholverboten in einer bestehenden Alkoholkultur mit typischen Schwierigkeiten behaftet:

1. Alkoholverbote werden häufig als unvereinbar mit der betrieblichen Kommunikationskultur aufgefasst. Verbotsregelungen werden als „Gängelung" erlebt, die mit der Unterstellung individuell unverantwortlichen Handelns einhergeht.

Verbote werden als gängelnd erlebt

2. Alkoholverbote lassen keine Ausnahmen zu oder aber erfordern die klare Definition von Ausnahmen. Damit würde ein Diskussionsbedarf über zahllose betriebliche Konsumsituationen erzeugt – vom Alkoholkonsum im Kundenkontakt, in Vorstands- und Geschäftsleitungsrunden bis hin zum kollegialen Zusammensein bei Sekt und Bier zum Wochenausklang. Diese Situationen werden aber großteils nicht als problematisch, sondern im Gegenteil als förderlich für die betrieblichen Abläufe und das betriebliche Klima erlebt. Sie offiziell im Rahmen einer Ausnahmeregelung vom Alkoholverbot zu gestatten, würde ihnen jedoch wiederum ein unangemessenes Gewicht, eine „offizielle Anerkennung" bis hin zur aktiven Förderung beimessen.

3. Die Frage der Sanktionen im Falle der Übertretung des Alkoholverbots wirft zusätzliche Probleme auf. Insbesondere ist fraglich, wie die Angemessenheit im Einzelfall beurteilt wird. In bestimmten Betriebskulturen ist es äußerst unwahrscheinlich, dass die Organisation z. B. auf den gemeinsam getrunkenen Cognac, nach erfolgreich abgeschlossenem Vertrag mit einem vermögenden Kunden, mit einer Abmahnung reagiert. Inkonsequenzen im Umgang mit dem Alkoholverbot wären geradezu vorprogrammiert. Ein nicht konsequent umgesetztes Alkoholverbot schafft jedoch zusätzliche Probleme gegenüber einer weniger klar definierten Situation.

Durchsetzung in neuen Arbeitskontexten leichter

Erfahrungsgemäß sind Alkoholverbote in neugeschaffenen Arbeitsbereichen relativ problemlos durchsetzbar, weil sich die betriebliche Kultur und Identität im Hinblick auf dieses Thema erst entwickelt und eingefahrene Verhaltensmuster nicht wirksam werden. Wo es gelingt, die Schwelle für Situationen, in denen Alkoholkonsum gestattet ist, heraufzusetzen (z. B. Alkoholkonsum nur bei bestimmten Jubiläen, bei herausragenden Abschlüssen etc.) wird der Boden für Regelungen vorbereitet, die dann eine klare Regelung ermöglichen. Zum Beispiel können dann Regelungen getroffen werden, dass Mitarbeiterinnen und Mitarbeiter nach dem Genuss von Alkohol grundsätzlich nicht mehr weiterarbeiten.

Alkoholtests und Drogenscreening

Alkohol- und Drogentests werden in unterschiedlichen Kontexten durchgeführt:
- als Reihentests, z. B. bei Einstellungsuntersuchungen (Screening)
- als Tests im Kontext einer Auseinandersetzung, um einen Mitarbeiter
  vom Verdacht der Beeinflussung durch Drogen zu entlasten
- als randomisierte Stichprobenkontrollen in sicherheitskritischen Arbeitsbereichen

• *Einstellungs- und Reihenuntersuchungen*

Drogenscreenings haben in den U. S. A. deshalb Verbreitung gefunden,
weil sie auf Grund der Illegalität des Drogenkonsums eine Möglichkeit
bieten, die Gesundheit eines Arbeitnehmers im Rahmen von Einstellungsuntersuchungen abzuchecken – in den U. S. A. sind entsprechende Möglichkeiten nämlich ansonsten durch weitreichende Antidiskriminierungs-
gesetze auch bezogen auf den Gesundheitszustand stark erschwert.

Auch in der Bundesrepublik Deutschland führen inzwischen etliche Unternehmen Drogenscreenings bei der Einstellung durch. Zwar können dadurch
Konsumenten identifiziert werden, die Herstellung von Zusammenhängen
zu einer aktuellen Leistungsbeeinträchtigung oder Eignung ist jedoch auf
Grund der z. T. extrem langen Nachweiszeiten fraglich.

Alkohol wird mit 0,1 bis 0,15 Promille/Std. abgebaut. Restalkohol ist je
nach Konsummenge entsprechend lange nachweisbar. Die Nachweiszeit
von Amphetaminen, Metamphetaminen, oder Ecstasy im Urin beträgt 1 bis
3 Tage, bei Kokain 2 bis 4 Tage. Methadon kann 24 Stunden lang nachgewiesen werden, Opiate/Heroin 2 bis 3 Tage. Die Nachweiszeit von Barbi- **Nachweiszeiten**
turaten beträgt 4 bis 8 Tage je nach Stoff. Benzodiazepine sind 3 Tage bis
mehrere Wochen im Urin nachweisbar. Cannabiskonsum ist wegen der
guten Fettlöslichkeit bei hohem Konsum wochenlang nachweisbar.

Das Screening kann also auch dann positiv ausfallen, wenn eine akute Beeinträchtigung durch den Stoff nicht mehr besteht. Besonders gilt dies für
Cannabis, das in den ersten vier Stunden die Arbeitsfähigkeit stark einschränkt, in Ausnahmefällen auch etwas länger, aber keinesfalls über viele
Tage hinweg.

Generell wird im Screening vorangegangener Konsum gemessen – nicht **Kosten-Nutzen-**
jedoch Abhängigkeit. Clevere Bewerber wissen zudem, wie sie ein Scree- **Relation fraglich**
ning unterlaufen können. Unauffällige Bewerber können nach Einstellung
ein Problem entwickeln. Angesichts dieser Unsicherheiten ist die Kosten-
Nutzen-Relation von routinemäßigen Drogenscreenings in dieser Situation
mehr als fraglich: Dies gilt umso mehr, als die Rechtslage den Arbeitnehmer vor zu eingehender Ausforschung im Gesundheitsbereich schützt, dies

jedoch praktisch keine Rolle spielt: Wer den Screenings nicht stumm zustimmt, wird nicht in die Bewerberauswahl einbezogen. So ist die Gefahr groß, neben der Drogenabstinenz auch das Jasagertum „mitzuselegieren" (Fleck, 2002).

Sinnvoller erscheint eine Prüfung der Situation, wenn ein Bewerber in der Einstellungsuntersuchung den Eindruck erweckt, gesundheitliche Probleme zu haben, die mit Suchtmittelkonsum in Verbindung stehen könnten.

- *Alkohol- und Drogentests als Entlastungsangebot im Rahmen eines Einzelfalls*

Viele Vorgesetzte unterliegen dem Missverständnis, sie müssten, wenn sie eine Beeinflussung durch Alkohol oder Drogen wahrzunehmen meinen, dies dem Mitarbeiter gegenüber nachweisen. Dies ist nicht der Fall. Da sie den Arbeitseinsatz verantworten, können sie auf einen angenommen Zustand des Mitarbeiters mit Nichteinsatz reagieren – sie verantworten dann aber auch den sicheren Heimweg des Mitarbeiters.

Steht der Verdacht der Beeinflussung durch Rauschmittel im Raum, kann sich der Mitarbeiter durch Tests von diesem Verdacht befreien, was Auswirkungen auf entsprechende betriebliche Sanktionen hätte.

Tests als Service-angebot zum Nachweis von Nüchternheit

Wenn ein Vorgesetzter einen Mitarbeiter als akut durch Alkohol oder Drogen beeinflusst wahrnimmt und deshalb nach Hause befördert (s. u.), ist das Angebot, sich unaufwändig vom Verdacht des Suchtmittelkonsums zu befreien, deshalb fair und angemessen. Derartige *Angebote* können beim betriebsärztlichen Dienst zur Verfügung gestellt werden. Dies erspart betroffenen Mitarbeitern im Zweifelsfall den Gang zum Hausarzt oder in eine Klinik. In diesem Kontext stellen Tests kein Kontrollinstrument dar, sondern sie sind im Gegenteil als Serviceangebot zu verstehen, um bei Irrtümern den Mitarbeiter vor unangemessener Behandlung zu schützen. Im Rahmen der Treuepflicht des Arbeitnehmers kann sogar dahingehend argumentiert werden, dass beim Vorliegen eines berechtigten Interesses des Arbeitgebers eine ärztliche Untersuchung zu dulden sei (Diller & Powietzka, 2001). Während eine akute Alkoholisierung recht gut durch Atemtests zu belegen ist, stellt sich bei der Beeinflussung durch andere Suchtstoffe das Problem dar, dass Testergebnisse positiv sind, auch wenn der Konsum zurückliegt (s. o.). Ein Test kann also auch dann positiv ausfallen, wenn eine akute Beeinträchtigung durch den Stoff nicht mehr besteht. Besonders gilt dies für Cannabis, das in den ersten vier Stunden die Arbeitsfähigkeit stark einschränkt, in Ausnahmefällen auch etwas länger, aber keinesfalls über viele Tage hinweg.

Wichtig ist, dass selbst beim Nachweis von Nüchternheit der Eindruck des Vorgesetzten bestehen bleibt, dass der Mitarbeiter „nicht fit" ist. Der Arbeitseinsatz (bzw. Nichteinsatz) bleibt deshalb vom Testergebnis unberührt!

- *Alkohol- und Drogentests zur stichprobenartigen Kontrolle*

Im Rahmen der Qualitätssicherung kann in sicherheitskritischen Bereichen die Zufallskontrolle von Nüchternheit sinnvoll sein – z. B. durch Augenscheinüberprüfung der Mitarbeiter durch Vorgesetzte oder Kontrollpersonal. Wenn Tests eingesetzt werden, unterliegt dies der Mitbestimmungspflicht.

So unterliegen z. B. Wach- und Sicherheitsdienste nach § 5 der V BG 68 einem absoluten Verbot des Konsums von Alkohol oder anderer berauschender Mittel. Danach darf der Arbeitnehmer während und in angemessenem Zeitraum vor seinem Einsatz keine berauschenden Mittel zu sich nehmen. Das Kontrollrecht des Arbeitgebers kann in einer solchen Situation auch den aktuellen Zustand des Arbeitnehmers bei Dienstantritt und während des Dienstes betreffen. Dieses Recht kann nicht von einem konkreten Verdacht abhängig gemacht werden. Die Rechtsauffassung sieht hier sogar die Abgabe von Blutproben vor (Diller & Powietzka, 2001), solange diese nicht auch den Konsum in der Privatsphäre betreffen.

Ob Tests erforderlich sind, um den gewünschten Effekt zu erzielen, ist fraglich: Die Funktion einer Stichprobenkontrolle liegt in erster Linie darin, die Botschaft zu unterstreichen, dass Nüchternheit notwendig ist. Pusteröhrchen und Tests können für den Verdachtsfall als Angebot bereitgehalten werden.

Die Kontrolle selbst ist wichtiger als das Kontrollinstrument

Tests dieser Art können auch nur die Nüchternheit im Dienst betreffen – jegliche pädagogische Ambition im Sinne einer Vorschreibung bestimmter Verhaltensweisen in der Freizeit ist rechtlich nicht abgedeckt.

Empfehlungen: Suchtmittelbezogene Regeln

- *Einforderung und Durchsetzung von „Punktnüchternheit"*

Für die erfolgreiche Umsetzung von Regularien, die sich auf den Alkoholkonsum am Arbeitsplatz beziehen, ist die Eindeutigkeit und Glaubwürdigkeit der Botschaften von zentraler Bedeutung. Insgesamt scheint es nach unseren derzeitigen Erfahrungen wirksamer, die Erwartungshaltung, dass Mitarbeiter grundsätzlich und ausnahmslos nüchtern arbeiten, glaubwürdig und konsistent zu vertreten als relativ umständliche Regeln zum Konsum von Suchtmitteln am Arbeitsplatz zu entwickeln und Ausnahmen von diesen Regeln zu definieren. Auf diese Weise lässt sich auch konsequent z. B. mit den Folgen des Konsums vor der Arbeit (z. B. Restalkohol, Alkoholgeruch) umgehen.

Das Konzept der Punktnüchternheit (Verzicht auf Alkohol und Drogenkonsum in bestimmten Situationen wie Arbeit, Straßenverkehr, Schwangerschaft) lenkt den Blick weg von der Kontrolle hin auf den *Zustand* des Arbeitenden und ermöglicht so unabhängig von dem konsumierten Stoff eine klare und unzweideutige Reaktion jenseits von Kontrolle und Diagnosen:

Wer (dem Vorgesetzten) nicht nüchtern erscheint, wird nicht eingesetzt. Die Mitarbeiterin oder der Mitarbeiter hat jedoch die Möglichkeit, sich von einem etwaigen Verdacht der Alkoholisierung bzw. des Drogenkonsums durch einen Test zu entlasten. Unabhängig vom Ergebnis wird der Mitarbeiter jedoch nicht eingesetzt, denn über die Einsatzfähigkeit entscheidet sein Zustand, nicht die Frage, wodurch er erzeugt wurde.

Mit diesem klaren Konzept „Wir arbeiten nüchtern" lassen sich viele überflüssige und moralische Diskussionen umgehen, wie etwa die Frage, ob ein 25jähriges Dienstjubiläum mit einem Glas Sekt gefeiert werden kann. Es darf mit Alkohol gefeiert werden – doch danach wird nicht gearbeitet. Dies legt die Messlatte für die Anlässe hoch – und die Feier an den richtigen Zeitpunkt und Ort. Indem die Durchsetzung von Nüchternheit von der Sanktion bei Verletzung dieser Spielregel getrennt wird, entkrampft sich die Situation: Ein nicht nüchterner Arbeitnehmer wird nach Hause befördert – ob er deshalb abgemahnt wird oder es einfach zu einem Gespräch und ggf. Lohnabzug kommt, steht auf einem anderen Blatt.

- *Alkohol und Drogentests*

Alkohol- und Drogentests im Rahmen von Einstellungsuntersuchungen sind gemessen an der Relation von Aufwand und Ertrag fragwürdig. Sie erzeugen die Illusion, das Thema Suchtmittelkonsum aus der Organisation „aussperren" zu können. Für die Identifikation Abhängigkeitskranker, deren Gesundheit beeinträchtigt ist, ist gleichzeitig ein Screening in der Regel nicht erforderlich.

Als Serviceangebot zur Entlastung vom Verdacht der Beeinflussung durch Alkohol und Drogen sind Tests dagegen sehr sinnvoll. Sie ermöglichen dem Mitarbeiter im Zweifelsfall eine schnelle Abklärung und ggf. Entlastung. Im Sinne eines Ausschlusses von Gründen für die Verursachung eingeschränkter Arbeitsfähigkeit ist dies auch als Maßnahme der Gesundheitsvorsorge nahe liegend.

Auch die stichprobenartige Kontrolle von Akutbeeinflussung durch Alkohol und Drogen kann – als Qualitätssicherungsmaßnahme verstanden – ein wirksames Mittel zur Durchsetzung von Punktnüchternheit sein (s. o.). Stichproben beinhalten die unmissverständliche Botschaft, dass Nüchternheit unabdingbar ist. In sicherheitskritischen Bereichen kann dies eine sinnvolle Standardmaßnahme sein, die sowohl nach außen als auch nach innen Signalwirkung hat (Analogien: Fahrkartenkontrolle, Tests des Gesundheitsamts in Restaurants, Qualitätstests).

• *Selbsterstellung von Teamregeln*

Die Selbsterstellung von Teamregeln ist ein ausgesprochen wirksames Instrument, um eine hohe Identifikation mit gefundenen Lösungen zu erzielen. Die direkte Aufforderung zur Diskussion von Regeln im Umgang mit Alkohol, im Rahmen eines breiter ausgelegten betrieblichen Präventionsprogramms oder im Rahmen anderer Personalentwicklungmaßnahmen, ist eine gute Möglichkeit zur Sensibilisierung im Hinblick auf die Thematik und zur Verankerung vorhandener betrieblicher Regularien. Es ist zu erwarten, dass allein die Diskussion durch die damit verbundene Information und Sensibilisierung geeignet ist, einen möglicherweise gewohnheitsmäßig unreflektierten Umgang mit Alkohol zu verändern.

• *Veröffentlichung vorhandener Regularien*

Die Veröffentlichung vorhandener Regularien kann eine Diskussion über den innerbetrieblichen Umgang mit Alkohol fördern.

Da schriftliche Informationen jedoch häufig „versickern" und nicht ausreichend aufgegriffen werden, sind entsprechende begleitende Aktivitäten erforderlich, wenn eine Auseinandersetzung mit der Thematik erreicht werden soll.

Dazu bieten sich an:
– Teambesprechungen
– Vorträge
– „aus dem Rahmen" fallende Präsentationen
– Nutzung innerbetrieblicher Medien, die auf den ersten Blick nicht in Verbindung mit dem Thema stehen
– Vorstellung im Rahmen von Weiterbildungsveranstaltungen

3.1.2 Einschränkung der Zugriffsmöglichkeiten auf Alkohol und Medikamente: Effekte und Empfehlungen

Die „Griffnähe" von Alkohol – etwa durch Automaten, durch Alkoholausschank in der Kantine, durch private Vorratshaltung in Pausenräumen steigert den Konsum. Es ist empirisch bestätigt (vgl. Janes & Ames, 1993), dass die unmittelbare Zugriffsmöglichkeit und die damit verbundene ständige Verfügbarkeit von Alkohol den tatsächlichen Konsum erhöht: Das Angebot wird genutzt.

Griffnähe

In vielen Unternehmen besteht im Prinzip die Bereitschaft, Alkohol aus den Betriebskantinen herauszunehmen. Allerdings, so wird häufig argumentiert, müsse man in bestimmtem Rahmen auch tolerieren bzw. sogar sicherstellen, dass Gäste angemessen bewirtet werden können. Alkohol stehe dabei für Qualität und Lebensart. Akzeptiere man jedoch, dass Alkohol etwa im Casino für die höheren Führungskräfte oder in bestimmten **Kundenkontakt** Situationen mit Kunden ausgeschenkt werde, so müsse man dieses Recht den Beschäftigten auch insgesamt zugestehen, wenn keine „Zwei-Klassen"-Behandlung entstehen soll. Diese uneindeutige Haltung, die viele Fragen offen lässt, offenbart deutlich, welche wichtige Rolle Alkohol nach wie vor im Kundenkontakt spielt bzw. wie stark der Alkoholkonsum über den Kundenkontakt legitimiert wird. Auf der anderen Seite hat auch die „Verbannung" des Alkohols aus dem Arbeitsleben einen offensichtlichen Preis, wenn sie mit Wertehaltungen kollidiert, die im Kundenkontakt offenbar eine übergeordnete Rolle spielen.

Als Kompromisslösung wird häufig die Preisgestaltung beim Alkoholausschank gesehen: Solange Alkohol ausreichend teuer ist, eventuell sogar nur sehr teure Alkoholika ausgeschenkt werden, so die Argumentation, werde der eigentlich problematische Alltagskonsum ohne besonderen Anlass zurückgedrängt.

Empfehlungen: Einschränkung der Zugriffsmöglichkeiten

* *Verzicht auf Alkoholausschank*

Für die innerbetriebliche Auseinandersetzung ist mindestens ebenso bedeutsam, dass jede Form von Alkoholausschank im Betrieb im Kern die Botschaft beinhaltet, dass (maßvoller) Alkoholkonsum im Zusammenhang mit der Arbeitstätigkeit unproblematisch sei. Vorgesetzte vor Ort, die nüchternes Arbeiten durchsetzen möchten, kommen dadurch in die Situation, sich persönlich rechtfertigen zu müssen – nicht im Rahmen ihrer Berufsrolle, sondern in erster Linie als Übermittler persönlicher Wertehaltungen. Es wird ihnen schwer gemacht, sich auf ihre Berufsrolle zurückzuziehen und im Rahmen dieser Rolle Nüchternheit zu verlangen.

Der Verzicht auf Alkoholausschank bewirkt, dass ein Mitarbeiter, der sich dennoch „selbst versorgt", diesen Aspekt deutlich wahrnimmt. Dies konfrontiert ihn mit seinen persönlichen Schwierigkeiten, zu verzichten.

* *Steuerung der Medikamentenvergabe*

Die Griffnähe bei Medikamenten stellt sich vor allem in Krankenhäusern als Problem dar. Ein gutes Monitoring des Stationsverbrauchs wie auch Einzeldosierung (statt z. B. Großpackungen) kann das Risiko von „Selbstbedienung" mindern.

40

3.1.3 Aspekte der Arbeitsgestaltung: Empirische Befunde und Empfehlungen

Arbeitsbedingungen und Suchtmittelkonsum

Bestimmte Arbeitsbedingungen fördern Suchtmittelkonsum oder hemmen ihn. Die Arbeitssituation spielt deshalb im Konsumverhalten und in der Ätiologie von Alkoholproblemen eine Rolle. Der Zusammenhang zwischen Arbeit und Gesundheit ist inzwischen klar belegt. Ebenso ist unstrittig, dass Alkohol und Medikamente auf Grund ihrer psychotropen Wirkung geeignet sind, kurzfristig Belastungswirkungen zu beeinflussen. Sie werden daher als Bewältigungsmittel eingesetzt.

„Coping by Doping"

Manche Zusammenhänge sind augenfällig: Ein erhöhter Konsum von Mitteln gegen Kopfschmerzen an bestimmten Arbeitsplätzen etwa, oder Entspannungstrinken nach einem arbeitsreichen Tag. Die Werbung für Medikamente, besonders aber auch für Alkohol verweist immer wieder auf Stressbewältigung und Entspannung nach der Arbeit. Es gibt kaum ein stärkeres Symbol für den Übergang von der Berufsarbeit in die Freizeit als Alkohol. Arbeit steht dabei in den Werbebotschaften für Anspannung, Konzentration, Belastung, Freizeit dagegen für Entspannung, Aktivität und Lebensfreude. Deutlich belegt sind die Auswirkungen von Schichtarbeit, Unterforderung und isolierter Arbeit, aber auch Verantwortung für Menschen und Sachwerte im Hinblick auf den Alkoholkonsum. Bestimmte andere Stressoren scheinen auf den ersten Blick den Alkoholkonsum zurückzudrängen – wenn die Arbeitssituation nicht kompatibel mit Alkoholkonsum ist. Unter diesen Bedingungen werden eher Medikamente zur Belastungsbewältigung genommen (Weiss, 1980).

Allerdings gibt es auch ganz jenseits von Belastungen zahllose Gründe, Alkohol zu trinken. Das erschwert die Forschung über den Zusammenhang zwischen Arbeitsbelastungen und Alkoholkonsum.

Gleichzeitig kann vermutet werden, dass bestimmte Arbeitnehmer gerade wegen ihres Suchtmittelkonsums bestimmte Arbeitsplätze einnehmen, sich in „Nischen" flüchten oder auf Grund ihrer Alkoholprobleme auf Dauer in immer weniger herausfordernden, langweiligen Arbeitsplätzen mit hohem Routineanteil „landen". Derartige Selektionseffekte erschweren die empirische Forschung zum Thema.

Auch ist „Coping by Doping", d. h. die Einnahme von psychotropen Mitteln, nur eine von mehreren Möglichkeiten, mit stressbedingten Befindlichkeitsstörungen umzugehen. So ist z. B. ungeklärt, ob dem möglicherweise verstärkten Alkohol- und Medikamentenkonsum in Belastungssituationen größere Bedeutung zukommt als etwa der Entwicklung psychosomatischer Störungen und anderer Gesundheitsprobleme.

Es gibt viele Gründe, Alkohol zu trinken

Risiko-Arbeitsplätze

**Risiko-
potenzial von
Arbeitsplätzen**

Die beschriebene Komplexität des Zusammenhangs zwischen Arbeitsbedingungen und Suchtmittelkonsums hat dazu geführt, dass man heute den Arbeitsplatz eher als Moderator denn als unabhängige Variable in der Beziehung zwischen arbeitender Person und Anzeichen für Problemtrinken betrachtet. Das bedeutet, dass der etwaigen Interaktion mit Prädispositionen eine größere Bedeutung zukommt. Es wird daher vorgeschlagen, Arbeitssituationen unter den Gesichtspunkten zu betrachten, wie sie die Entwicklung trinkender Subkulturen oder individueller Alkoholprobleme fördern. Arbeitsplätze können danach unterschieden werden, ob sie

– eine beschleunigende Funktion für etwaige Prädispositionen zu verstärktem Alkoholkonsum haben (Betriebliche Bereiche, in denen traditionell ein hoher Alkoholkonsum vorherrscht, hochbelastete Arbeitsplätze, an denen immer wieder Alkoholprobleme auftreten)

– Arbeitsplätze, die problematisches Trinken stark zulassen und Problemtrinker anziehen (z. B. betriebliche „Nasszellen", die sich einer Außenkontrolle entziehen, Arbeitstätigkeiten mit hohen Spielräumen und geringer sozialer Kontrolle)

– Arbeitsplätze, die den Effekt prädisponierender Faktoren eher blockieren (z. B. Arbeitstätigkeiten, die stark supervidiert werden oder aber inkompatibel mit Trinken sind und Nüchternheit verlangen)

**Klischees
verstellen
den Blick**

Viele Klischees über „nasse Branchen" verstellen den Blick dafür, dass es in jeder Organisation entsprechende Risikoarbeitsplätze gibt. So äußerten etwa die in der Landesbank Berlin befragten Führungskräfte zu 32 %, dass es Arbeitsplätze gebe, an denen immer wieder Alkoholprobleme auftreten (Fuchs & Rummel, 1998). Dieses Erfahrungswissen, das weniger über die Ätiologie, aber viel über die Wahrnehmung der Risiken ganz bestimmter betrieblicher Bereiche aussagt, kann für präventive Strategien sinnvoll genutzt werden.

Dies erfordert allerdings auf die jeweilige Personengruppe zugeschnittene Maßnahmen, die die Personalauswahl ebenso betreffen wie u. U. veränderungswürdige Arbeitsbedingungen und kulturelle Gepflogenheiten in der jeweiligen Arbeitsumgebung. Dass nach den oben beschriebenen Kriterien auch Führungskräfte zu den Risikogruppen zählen, verweist auf notwendige Überlegungen, für diese Zielgruppe entsprechende Angebote zu entwickeln.

Empfehlungen: Arbeitsgestaltung

Die Schwierigkeit, spezifische Effekte von Arbeitsbelastungen im Hinblick auf den Suchtmittelkonsum oder gar die Wahl ganz bestimmter Suchtmittel zu identifizieren, legt es nahe, die präventive Arbeitsgestaltung nicht eng auf Suchtmittelmissbrauch hin auszulegen, sondern weiter zu fassen und allgemeiner auf Gesundheitsförderlichkeit zu orientieren. Damit wird allerdings ein Handlungsfeld eröffnet, auf das der gesamte Forderungskatalog der Arbeitswissenschaften zur Gesundheits- und Persönlichkeitsförderlichkeit von Arbeitsbedingungen zu beziehen wäre.

Die präventive Gestaltung von Arbeitsbedingungen ist eine betriebliche Daueraufgabe, die ein umfassendes Konzept der betrieblichen Gesundheitsförderung mit langfristiger Perspektive verlangt. Aspekte der Suchtprävention sind in diese Aufgabe zu integrieren, können jedoch nicht zum zentralen Kriterium für entsprechende Maßnahmen erhoben werden.

Die Identifikation von Risikoarbeitsplätzen und die Entwicklung zielgruppenspezifischer Maßnahmen ist sinnvoll.

3.1.4 Aufklärung und Aufbau von Alternativen: Ideen und Empfehlungen

Aufklärungsmaßnahmen haben in der betrieblichen Gesundheitsförderung Tradition. Sie sind in jedem Fall sinnvoll, um diejenigen Mitarbeiterinnen und Mitarbeiter zu erreichen, die bereit und in der Lage sind, ihren persönlichen Umgang mit Alkohol zu reflektieren und gegebenenfalls zu verändern.

Es ist allerdings nach dem derzeitigen Erkenntnisstand zu befürchten, dass dies eher der geringere Teil der Mitarbeiterinnen und Mitarbeiter ist, der sowieso an Fragen der individuellen Gesundheitsförderung interessiert ist und sich entsprechende Informationen verschafft (vgl. Sonnenstuhl, 1988).

• *Zielgruppen und Gestaltung*

Es ist daher sinnvoll, bei Investitionsmaßnahmen, die auf Aufklärung ausgerichtet sind, auf Zielgruppen zu fokussieren, bei denen ein ausgeprägter Effekt zu erwarten ist. Dies ist besonders bei betrieblichen *Neulingen* der Fall (Auszubildende, aber auch neueingestellte Erwachsene), bei denen in der ersten Phase die Bereitschaft, sich an die Betriebskultur anzupassen, sehr hoch ist. Junge Arbeitnehmerinnen und Arbeitnehmer sind darüber hinaus hervorragende „Kulturträger" für Veränderungen in der Organisation. **Organisationsneulinge**

Generell sollten Organisationsneulingen auch die betrieblichen Hilfeeinrichtungen kennen lernen, die vom persönlichen Kontakt „leben". *Führungskräfte* sind als Multiplikatoren, als Vorbilder und als Organisationsangehörige mit „Definitionsmacht" für die Gepflogenheiten in ihrem Verantwortungsbereich in erster Linie zu erreichen. Empfehlenswert sind auch gezielte, thematisch eingegrenzte problembezogene Veranstaltungen **Führungskräfte** für bestimmte Zielgruppen (z. B. Alternativen zum Schmerzmittel, Informationsveranstaltungen für Mitarbeiterinnen und Mitarbeiter, deren Partner abhängig ist usw.).

Auszubildende Bei der Gestaltung von Aufklärungsmaßnahmen ist von moralisierenden, abschreckenden Vorgehensweisen abzuraten, weil diese keine Akzeptanz finden. Ebenso wenig sinnvoll sind dramatisierende Beiträge über „Alkoholiker", die nur die Sensationslust fördern oder zu einem Aufatmen über den vermeintlichen Abstand zu „solchen Problemen" führen. Indikatoren für die Qualität aufklärerischer Maßnahmen sind u. a.:
– der Grad der Akzeptanz, die sie finden
– die Identifikationsmöglichkeiten, die sie anbieten
– ihre Lösungs- statt Problemfokussierung
– die Frage, ob sie das Bedürfnis nach weitergehender Information auslösen.

Einzelmaßnahmen bleiben in ihrer Wirkung immer begrenzt. Aufklärungsmaßnahmen müssen daher eingebettet werden in einen kontinuierlichen Prozess der Beeinflussung der Unternehmenskultur im Umgang mit Alkohol. Dabei sind auch scheinbare Kleinigkeiten von Belang: Ein Buch oder eine CD statt der Flasche Sekt z. B. im Präsentkorb für Mitarbeiterinnen und Mitarbeiter ist „persönlicher" – auch weil es mehr Überlegung bei der Auswahl erfordert.

• *Aufbau von Alternativen: Maßnahmen der Gesundheitsförderung*

Einige Betriebe bieten interessante individuelle Maßnahmen zum Aufbau von Alternativen an. Die Palette reicht von Kursen für Selbstmanagement und Stressbewältigung bis hin zur persönlichen Gesundheitsberatung und Begleitung (etwas durch Rückenschulen am Arbeitsplatz oder persönliche Fitnessprogramme). Durch Kooperation mit regionalen Anbietern (Krankenkassen, Volkshochschulen usw.) kann die betriebliche Gesundheitsförderung hier wirksame Angebote schaffen, ohne dass enorme Ressourcen einfließen müssen.

Empfehlungen: Aufklärung und Alternativen

Die Kommunikation von organisationalen Spielregeln und Informationen zur Beeinträchtigung von Sicherheit und Leistungsfähigkeit sollte Vorrang haben. Diese betrieblich legitime und relevante Information erfolgt sinnvollerweise aus der Linie heraus in den entsprechenden Settings.

Aufklärungsmaßnahmen, die direkt Gesundheitsgefährdung und Suchtrisiko betreffen, sind im Rahmen der Fürsorgepflicht des Arbeitgebers

zu sehen. Hier ist eine Verbindung mit Präventionsangeboten mit Ange-
botscharakter zum Aufbau von Alternativen im Rahmen der betrieblichen
Gesundheitsförderung sinnvoll. Kurse und Einzelmaßnahmen zum Thema
Selbstmanagement und Stressbewältigung werden stark nachgefragt und
erfahrungsgemäß als wertorientiertes Unterstützungsangebot durch den
Betrieb geschätzt.

3.1.5 Philosophie: Verantwortung setzt die Grenze

Das Thema Alkoholkultur ist nicht von der Organisationskultur zu lösen:
„Geschichten" aus der Vergangenheit sprechen oft Bände über Nischen,
die entsprechend gefüllt wurden. Die positive Funktion von Alkohol als
Kontaktmittel und „soziales Schmiermittel" wird häufig unterschätzt. Wer
Alkohol aus sozialen Situationen heraushält, wird erleben, dass die Situationen sich dadurch häufig in unerwünschter Weise verändern: Den Alkohol z. B. bei betrieblichen Feiern oder kollegialem Beisammensein abzu-
schaffen endet nicht selten damit, dass das kollegiale Beisammensein selbst
abgeschafft wird. Der behutsame Aufbau von Alternativen erfordert Zeit
und Ideenreichtum. Dies gilt besonders bei der Feiergestaltung und im Kundenkontakt – sonst ist die häufig geäußerte Befürchtung berechtigt, dass
mit dem Alkohol die „letzten Freuden" aus dem Arbeitsalltag verbannt
werden.

Alkohol hat positive kulturelle Funktionen

Wer welches Interesse an einer Kulturveränderung in Sachen Alkohol hat,
ist unmittelbar mit der Frage nach der Legitimität entsprechender Forderungen verbunden.

Unter dem Aspekt der Qualitätssicherung, Leistung und Sicherheit ist nüchternes Arbeiten eine völlig legitime Forderung des Arbeitgebers. Wie bei
anderen Qualitätssicherungsmaßnahmen ist auch hier eine periodische Kontrolle in besonders riskanten Bereichen legitim, wenn sie auch „Nebenwirkungen" hat. Unternehmen mit Fahr- oder Flugtätigkeit, Schusswaffen-
gebrauch oder ähnlich sicherheitskritischen Arbeitstätigkeiten treffen bei
Mitarbeitern und bei der Bevölkerung auf Verständnis, wenn sie stichprobenartige Kontrollen durchführen, um „Schwarzfahren" in Sachen Alkohol und Drogen zu minimieren. Offene Kommunikation über Auffälligkeiten und Risiken und die Berechtigung zur Intervention ergeben sich aus
dieser Legitimation.

Nüchternheit als Qualitäts-standard

Unter dem Gesichtspunkt der Betrieblichen Gesundheitsförderung ist auch
ein gesundheitspädagogischer Ansatz im Sinne von Aufklärung willkom-
men. Bei der Gratwanderung zwischen Verantwortung und Selbstverant-
wortung ist es hier jedoch sinnvoll zu unterscheiden, aus welcher Rolle
heraus welcher Arbeitsansatz entwickelt wird.

Verantwortung als Arbeitsbegriff ermöglicht es, die vielfältigen Facetten des Alkohol- und Drogenkonsums aufzugreifen, ohne mit einer „Wir wissen, was für Sie gut ist"-Haltung gegenüber Erwachsenen in die Moral oder Belehrung abzukippen. Der Einzelne bleibt frei in seiner Entscheidung, wie er mit Alkohol oder Drogen umgeht: Aber er stößt mit seinem Konsum an Grenzen, sobald er die Interessenzonen anderer berührt.

3.2 Entwicklungslinie 2: Konstruktive Intervention

3.2.1 Die Verantwortung und Rolle der Führungskraft

Vorgesetzte handeln im Betrieb nicht als Privatpersonen, sondern im Rahmen ihrer Rolle. In diesem Rahmen müssen sie mit durchaus unterschiedlichen Anforderungen und Verhaltenserwartungen umgehen und diese in ihr Handeln integrieren:
– Erwartungen des Unternehmens, konkretisiert in Erwartungen oder Zielvorgaben, die übergeordnete Vorgesetzte an sie richten
– gesetzliche Verpflichtungen, wie sie sich z. B. durch die Unfallverhütungsvorschriften, das Betriebsverfassungsgesetz oder die Fürsorgepflicht ergeben
– Erwartungen, die die Mitarbeiterinnen und Mitarbeiter an sie richten

Vorgestzte stehen in der Verantwortung

Innerhalb dieses Spannungsfeldes liegt es in der Verantwortung der jeweiligen Vorgesetzten, ihnen zugeordnete Mitarbeiterinnen und Mitarbeiter zur Erreichung der Unternehmensziele zu motivieren, sie dabei anzuleiten, zu kontrollieren und positive oder negative Abweichungen zu belohnen bzw. zu sanktionieren – unabhängig davon, wodurch das Verhalten z. B. einer Mitarbeiterin im Einzelnen begründet ist. Die Wahrnehmung und Bewertung des Verhaltens der Mitarbeiter ist so gesehen der Normalfall im beruflichen Alltag von Führungskräften.

Soweit Verhaltensweisen, die zur Verletzung der arbeitsvertraglichen Verpflichtungen des Arbeitnehmers führen, eine direkte oder indirekte Folge einer Erkrankung darstellen, sind sie juristisch nicht als schuldhafte Verfehlungen anzusehen und können insofern nicht wie jedes andere schuldhafte Verhalten disziplinarisch geahndet werden. So müssen z. B. bei einer Kündigung wegen häufiger und immer wiederkehrender Fehlzeiten oder anderer Verstöße gegen den Arbeitsvertrag die gegenüber verhaltensbedingter Kündigung wesentlich strengeren Grundsätze der krankheitsbedingten Kündigung zur Anwendung gebracht werden. Nachdem dies vorm Arbeitsgericht häufig zu Schwierigkeiten geführt hatte, wurde ein anderes betriebliches Vorgehen auch juristisch gebahnt: Nach geltender Rechtsauffassung muss der Arbeitgeber nun zunächst der Mitarbeiterin oder dem Mitarbeiter mehrmals und dezidiert das beanstandete Fehlverhalten vorhalten. Diese Vorhaltungen und eventuell sie begleitende Disziplinarmaßnahmen müssen immer mit einem Hilfeangebot für die Mitarbeiterin oder den Mitarbeiter verbunden werden. Erst wenn trotz mehrmaliger entsprechender Bemühungen die Mitarbeiter ihr Arbeitsverhalten nicht verändern und die unterbreiteten Hilfeangebote nicht annehmen, hat eine Kündigung alkoholabhängiger Mitarbeiterinnen und Mitarbeiter vor dem Arbeitsgericht Bestand.

Über einen sinnvollen und zielgerichteten Umgang mit suchtmittelauffälligen MitarbeiterInnen liegen inzwischen zahlreiche Erfahrungen vor. Das direkte Gespräch zwischen Vorgesetzten und Mitarbeitern ist hierbei der zentrale Ansatzpunkt. Im Sinne konsequenter Reaktion auf den Fortbestand von Fehlverhaltensweisen am Arbeitsplatz findet sich in fast allen betrieblichen Suchtpräventionsprogrammen ein „Stufenverfahren", das eine Orientierung für das Vorgehen im Einzelfall vorgibt.

Im Kern lassen sich die Grundgedanken dieser Maßnahmenkataloge auf folgende Verhaltensorientierungen reduzieren, die sich als sinnvoll im Umgang mit alkoholauffälligen Mitarbeitern erwiesen haben (vgl. S. 103 ff.):

Grundaufbau von Interventionsgesprächen durch Vorgesetzte
Information steht im Vordergrund!
Rahmen, Beziehung (Kontext)
Anlass und Lösungsabsicht (Vorfälle, Sorge, Ärgernisse …) Offen, ehrlich, zugewandt
Fakten (Ist)
Konkret, beschreibend, nachvollziehbar. Ich-Botschaften: „Ich habe bemerkt, dass … Dies hatte folgende Auswirkungen für mich, für andere … Für mich bedeutet das … Mein Eindruck ist, meine Sorge ist, ich wünsche mir …"
Erwartungen, Grenzen (Soll)
Realistisch, auf das Berufliche bezogen, legitim
Konsequenzen (Handlungsfolgen)
Nächster Schritt des Vorgesetzten: Angemessen, fair, angekündigt Aufzeigen, einhalten!
Unterstützung (Ressourcen)
Informativ, eindringlich. Was kann der Vorgesetzte tun/anbieten, was nicht? Information über Hilfeangebote, ggf. Vermittlung des Kontakts

Diese Informationsstrategie verändert die Entscheidungsgrundlagen für den Mitarbeiter und macht ihr oder ihm eine Folgenabschätzung des Konsums möglich. Diese Folgenabschätzung wirkt in der Regel orientierend und motivierend für die Einleitung einer Veränderung.

Bei dieser Orientierung wird die formale Beziehungsstruktur genutzt (siehe Abbildung 5). Sie definiert die Verantwortung von Vorgesetzten ebenso wie ihre theoretischen Interventionsmöglichkeiten: Sie sind diejenigen, die auf Grund ihrer Position klare arbeitsbezogene Erwartungen aussprechen und deren Nichterfüllung sanktionieren können, und sie sind ebenso diejenigen, die im Rahmen ihrer Fürsorgepflicht Hilfe und Unterstützung anbieten können.

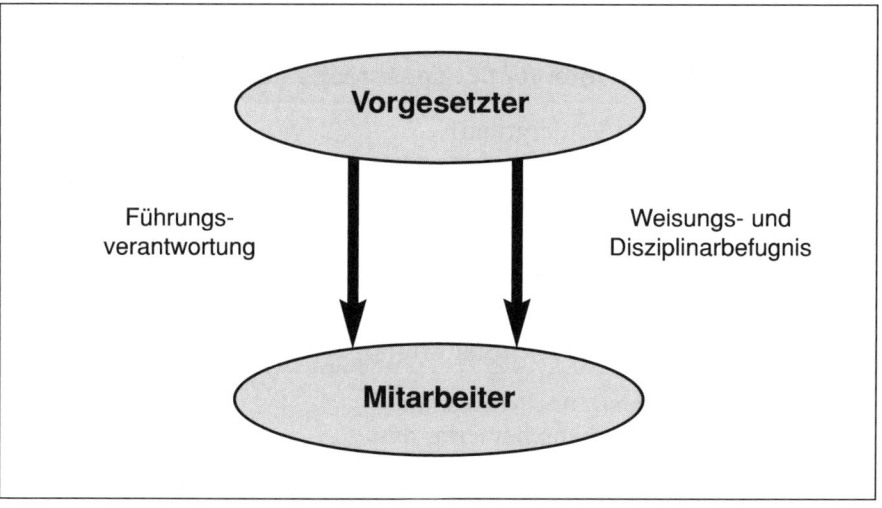

Abbildung 5:
Formale Beziehung zwischen Vorgesetzten und Mitarbeitern

Diese scheinbar klare Orientierung ist jedoch in der Praxis schwer durchzuhalten – und die Erwartungen an Führungskräfte sind mehr als diffus. Denn de facto sind Vorgesetzte keineswegs in einer solch eindeutigen Position. Private Bezüge, eine gemeinsame Geschichte, Abhängigkeiten in der Arbeitstätigkeit, Koalitionen im Team usw. führen vielmehr dazu, dass Vorgesetzte und ihre Mitarbeiter/innen sich in einem System wechselweiser Abhängigkeiten bewegen:

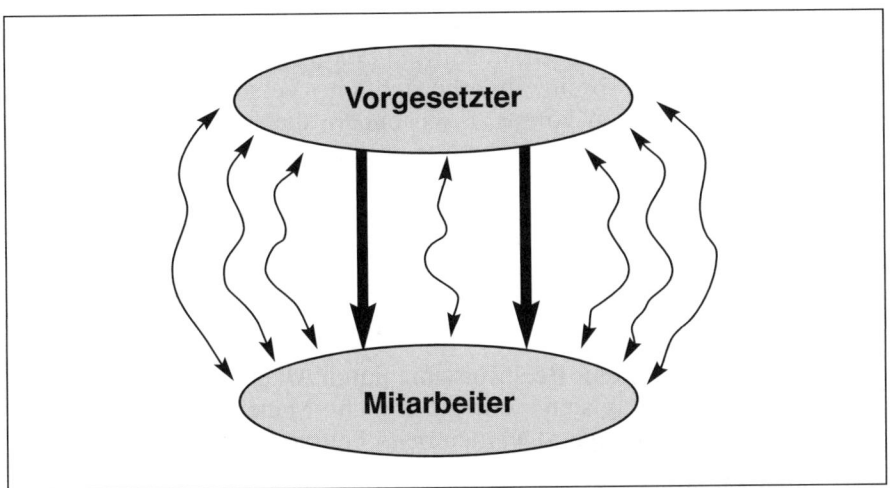

Abbildung 6:
Tatsächliche Beziehung zwischen Vorgesetzten und Mitarbeitern

Das macht in der Praxis das konstruktive Austragen von Konflikten kompliziert. Für betriebliche Interventionen ist deshalb entscheidend, dass die Vorgesetzten eine einfache, nachvollziehbare Orientierung erhalten, die es ermöglicht, die persönlichen Bezüge zu berücksichtigen und die zugleich innerbetrieblich durch entsprechenden Rückhalt getragen wird.

Leisten Vorgesetzte mitmenschliche und spontane Hilfestellung, indem sie Fehlverhaltensweisen kompensieren, verdecken oder als „vorübergehende" Erscheinung dulden, tragen sie unter Umständen zur langfristigen Verschlimmerung der Probleme bei und verstricken sich durch ihr eigenes Engagement in schwierige Situationen – nicht selten bis zur (zumindest emotionalen) Erpressbarkeit. Zu allem Überfluss sehen sie sich in Fachkreisen unversehens als „Coalkoholiker" gebrandmarkt (Rummel, 2002). Dies wird ihrem subjektiven Gefühl des Helfen-Wollens, des menschlichen und persönlichen Engagements nicht gerecht.

Vorgesetzte möchten helfen

Sind sie in der Auseinandersetzung dagegen abgegrenzt und konsequent, müssen sie auf der anderen Seite mit nahezu unberechenbaren betrieblichen Reaktionen rechnen – sei es aus dem eigenen Team, sei es im Hinblick auf die Weiterführung (oder aber Blockierung) der Auseinandersetzung durch eigene Vorgesetzte, sei es durch ablehnende Reaktionen der Mitbestimmungsgremien.

In der schwierigen Gratwanderung von Grenzsetzung und notwendiger Zuwendung brauchen Vorgesetzte deshalb klare Signale im Hinblick auf die betriebliche Einbettung ihres Führungshandelns. Angemessene Führungsstrategien im Umgang mit alkoholauffälligen Mitarbeiterinnen und Mitarbeitern setzen eine breite innerbetriebliche Verständigung über das grundsätzliche Vorgehen voraus, insbesondere die Konsensbildung zwischen Arbeitgeber- und Arbeitnehmervertretern.

3.2.2 Anlässe zur Intervention: Typische Signale

Vorgesetzte sind beim Thema Suchtmittel mit einem Spektrum unterschiedlicher Handlungsanlässe konfrontiert:

Mitarbeiter, die mit akuter Beeinflussung durch Alkohol oder Drogen auffallen, können abhängig sein – oder auch nicht. Manchmal verletzen auch ganze Teams die Spielregeln, werden beim Feiern „erwischt".

Abhängige Mitarbeiter fallen umgekehrt nicht immer direkt durch akute Alkoholisierung auf. Vielmehr ist das Erscheinungsbild oft diffus. So entstehen Probleme im Leistungs- oder Fehlzeitenbereich, deren Hintergrund unklar ist.

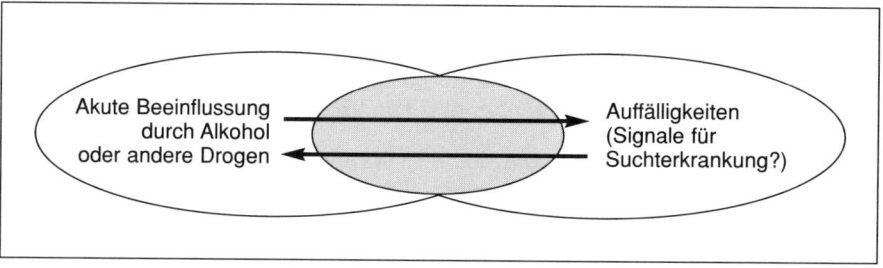

Abbildung 7:
Beeinflussung durch Suchtmittel und Sucht

Vielfach wissen Vorgesetzte und Kollegen auch, dass Mitarbeiter abhängigkeitskrank sind: Diese arbeiten jedoch in einer Weise, die nicht zu beanstanden ist.

Die Grundstrategie besteht in sicherem, klarem und direktem Handeln bei Akutsituationen in Verbindung mit einer Interventionsstrategie, die auf grundlegende Verhaltensveränderung beim Mitarbeiter abzielt, auch wenn sich keine akute Beeinflussung durch Drogen zeigt und der Hintergrund für die Auffälligkeiten unklar ist.

Tatsächlich gibt es Bereiche im Arbeits- und Sozialverhalten, im Trinkstil und im körperlichen Zustand, die man mit Alkohol- oder Drogenkonsum in Verbindung bringen kann und sollte. Wir unterscheiden im Folgenden nicht zwischen alkohol- und drogenbezogenen Auffälligkeiten, da dieses sich in weiten Teilen überlappen und die Herkunft der Probleme („was" wird genommen, wird überhaupt etwas genommen) für die Intervention zunächst keine Rolle spielt.

Diese Anzeichen können auch Signale für eine nicht stoffgebundene Sucht, eine Entwicklungskrise, eine psychische Krise oder aber gravierende Probleme im familiären Bereich sein. Es ist deshalb angemessen, auf vorschnelle Diagnosen zu verzichten und stattdessen Eindrücke und Wahrnehmungen anzusprechen.

Das *Arbeitsverhalten* ist für die Intervention besonders relevant. Typische Folgen von Alkohol- und Drogenmissbrauch sind etwa Zuspätkommen auf Grund eines Katers, Konzentrationsprobleme oder Leistungsschwankungen bei insgesamt abnehmender Arbeitsqualität. Das Vergessen von Terminen und Absprachen und andere Unzuverlässigkeiten sind charakteristisch. Mit zunehmender Abhängigkeit kommen oft erhebliche Kurzfehlzeiten, aber auch längerfristige Ausfälle auf Grund von Krankheit hinzu. Wer heimlich trinken muss, „verschwindet" vielleicht auch zwischendurch vom Arbeitsplatz, überzieht die Pausen, weicht dem Kontakt zu Vorgesetzten aus. Im *Sozialverhalten* treten ebenfalls Veränderungen auf. Vormals kontaktfreudige Kolleginnen und Kollegen beginnen oft, sich zurückzuziehen. Stimmungsschwankungen, besondere Reizbarkeit und Kritikempfindlichkeit können ebenfalls Alkohol- oder andere Suchtprobleme signalisieren. Insgesamt wirkt oft die Regulation von Nähe und Distanz im Kontakt mit anderen gestört.

Alkoholgeruch wird nicht selten durch Parfüm oder Mundwasser überdeckt.

Geht der Missbrauch in Abhängigkeit über, werden im Zuge der Krankheitsentwicklung häufig typische Veränderungen im Umfeld deutlich:
- Kollegen (und Vorgesetzte) gleichen zunächst Defizite aus, übernehmen Arbeit und Verantwortung.
- Vielfach ist bei näherem Hinsehen auch ein gewisser „Profit" der anderen von den Problemen der Betroffenen zu verzeichnen: Ein Mitarbeiter, der versucht, seine Leistungseinbußen und Schwierigkeiten gegenüber den anderen zu kompensieren, übernimmt vielleicht Überstunden, unangenehme Aufgaben, erledigt kleine Gefälligkeiten für die anderen usw.
- Über den Betreffenden wird geklatscht. Es wird viel hinter seinem Rücken geredet, wenig mit ihm.

– Der oder die Betreffende wird mit der Zeit immer mehr isoliert – die Gespräche verflachen, der persönliche Kontakt wird abgebaut. Häufig spaltet sich auch das Team: Einzelne „kümmern" sich verstärkt um den Kollegen, andere wenden sich ab.
– Haben die Auffälligkeiten ein bestimmtes Ausmaß erreicht, macht sich Unzufriedenheit breit. Häufig wird in dieser Phase auf Vorgesetzte Druck ausgeübt, etwas zu unternehmen – und zwar möglichst schnell und radikal.

Mögliche Signale für Probleme mit Alkohol, Medikamenten oder anderen Drogen
Utensilien
– Leere Flaschen, Medikamentenpackungen, Rauchgeräte, Alufolienpäckchen, Papier- und Faltbriefchen, Plastiksäckchen mit weißlichem Pulver, Spritzen, angerußte Löffel, abgebrochene Zigarettenfilter
Umfeld
– Kollegen übernehmen Arbeit – Klatsch, Ärger bei anderen, Kundenbeschwerden – Isolation – Partnerprobleme – Plötzlicher Wechsel des Freundeskreises
Körperliche Anzeichen
– Gerötete Gesichtshaut, Bluthochdruck, Aufgedunsen, Alkoholfahne, Parfüm, Pfefferminzgeruch – Rauchgeruch, Einstichstellen, langärmelige Kleidungsstücke auch bei Hitze – Vernachlässigung der Körperpflege – Blasses, ungesundes Aussehen, Appetitlosigkeit, Abmagern – Heißhungerattacken ohne Gewichtszunahme – Auffällig verlangsamtes Sprechen – Reizempfindlichkeit, Kreislaufschwächen, Schwindel – Ständig laufende Nase ohne Schnupfen – Ständiger Reizhusten mit Gefühl ausgetrockneter Kehle, Würge- und Erstickungsgefühle – Magen-Darm-Störungen über längeren Zeitraum – Extrem erweiterte oder verengte Pupillen, gerötete Augen – Lichtempfindlichkeit, dunkle Brille auch im Raum – Juckreiz, Ekzeme, Geschwüre – Schwitzen, Zittern – Gelbsucht, Leberentzündung

Arbeits- und Sozialverhalten
– Unkonzentrierter, geistesabwesender Ausdruck – Leistungsabfall, Leistungsschwankungen, Konzentrationsstörungen, Vergesslichkeit, Fehler, Qualitätsprobleme – Schläfrigkeit, Apathie, resignatives Verhalten – Entschuldigungen, ausweichendes Verhalten, Lügen – Abwesenheit, Verschwinden, Unpünktlichkeit – Unklare und klare Fehlzeiten – Unzuverlässigkeit – Übertrieben aufgedrehtes Verhalten, Stimmungsschwankungen
Auffällige (Verhaltens-)Veränderungen
– Schulden, Geldsorgen, Verschwinden von Wertgegenständen im Umfeld – Geldbeträge unbekannter Herkunft, teure Kleider, Kameras, Sportgeräte unbekannter Herkunft (Dealen) – Tabletten unbekannter Herkunft, häufiges Klagen über Beschwerden – Aufgeben von Interessen/Hobbies ohne Neuorientierung – Stumpfheit vs. erhöhte Reizbarkeit, Apathie, Depressionen – Häufiger WC-Gang

Für Vorgesetzte ist entscheidend, welche Art von Auffälligkeiten ganz unabhängig von ihrem Hintergrund Anlass und Gegenstand von *Mitarbeitergesprächen* sein sollten.

Dies betrifft in erster Linie Auffälligkeiten, die dienstliche Belange und arbeitsvertragliche Verpflichtungen betreffen. Das Gespräch über solche Auffälligkeiten ist ganz unabhängig von der Frage zu suchen, ob Suchtmittelprobleme den Hintergrund dieser Auffälligkeiten bilden oder aber ganz andere Gründe.

Auch beim Vorliegen von Alkohol- und Drogenproblemen stellt sich in der Regel erst im Zuge der Auseinandersetzung heraus, ob das beanstandete Verhalten problemlos verändert werden kann oder ob die Mitarbeiterin oder der Mitarbeiter bereits abhängig erkrankt ist und professionelle Hilfe in Anspruch nehmen muss.

3.2.3 Wahrnehmung und Bewertung der Signale

Die Frage, wann und wodurch Beschäftigte, die Probleme im Umgang mit Suchtmitteln haben, am Arbeitsplatz auffällig werden, ist immer zugleich die Frage nach den sozialen Spielregeln, Führungs- und Verhaltenskriterien, die für diesen Arbeitsbereich gelten. Die Sensibilitätsschwelle für Auffälligkeiten hängt mit den Toleranzen für den jeweiligen Verhaltensaspekt zusammen – ganz unabhängig davon, ob es sich um Leistungsprobleme, um Trinkgewohnheiten, um „Outfit"-Fragen oder Kommunikationsformen handelt.

Ob jemand auffällt, hängt von den Spielregeln ab

Innerhalb bestimmter Grenzen werden Schwankungen in diesen Bereichen toleriert und sind nicht auffällig. Diese Grenzen sind von Führungskraft zu Führungskraft, aber auch von Mitarbeiter zu Mitarbeiter unterschiedlich. Teams bilden gemeinschaftliche Traditionen heraus, die sich in bestimmten Spielregeln und Gewohnheiten ausdrücken. Deren Einhaltung wird mit mehr oder minder großer Verbindlichkeit eingefordert und bestimmt über die Integration der Einzelperson in die Gruppe. Sie bilden gleichsam die „Folie", auf deren Basis Abweichungen registriert werden. Nur wenn eine bestimmte „Sensibilitätsschwelle" überschritten wird, werden Veränderungen wahrgenommen.

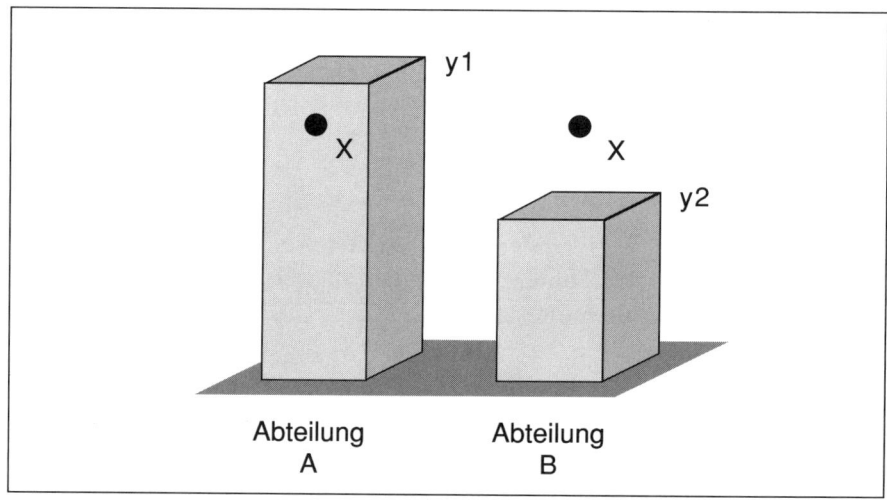

Abbildung 8:
Sensibilitätsschwelle für die Wahrnehmung von Signalen

Ein Mitarbeiter mit einem Konsummuster (x) im Umgang mit Alkohol löst in den Abteilungen A und B mit den dort vorherrschenden unterschiedlichen „Normalitätstoleranzen" (y1 und y2) völlig unterschiedliche Wahrnehmungen aus. In Abteilung A befindet er sich mit seinen Verhaltensweisen eingebettet in den Bereich des „Üblichen". In Abteilung B würde derselbe Mitarbeiter mit denselben Verhaltensweisen als auffällig wahrgenommen werden.

54

Selbst bei klaren und allgemein verbindlichen Vorgaben wie z. B. einem absoluten Alkoholverbot herrschen doch immer unterschiedliche formale und informelle Spielregeln. In einer Abteilung, die Pünktlichkeit fordert, wird Zuspätkommen eher wahrgenommen als in einer Abteilung, die an dieser Stelle tolerant ist. Wenn es üblich ist, dass Mitarbeiter im Kühlschrank alkoholhaltige Getränke verwahren, wird der Sektvorrat der Kollegin mit Alkoholproblemen nicht weiter auffallen. Gerade Bereiche mit besonders „weichen" Spielregeln, ausgeprägter Trinkkultur oder wenig sozialer Kontrolle in anderen Aspekten (z. B. persönlich bestimmbarer Output, flexible Arbeitszeiten usw.) der Tätigkeit begünstigen es, dass Probleme lange übersehen werden.

„Weiche" Spielregeln begünstigen das Übersehen von Problemen

So wird erklärlich, dass z. B. in Seminaren über die Vermittlung von Sachinformationen zum Thema „Auffälligkeiten" relativ schnell spannungsgeladene Situationen entstehen können: Die „Wahrnehmung" von Auffälligkeiten bedeutet, sich mit eigenen Führungskriterien und Toleranzgrenzen weit über den Alkoholkonsum hinaus auseinander setzen zu müssen.

- *Wahrnehmungen sind „Konstruktionen"*

Wir neigen dazu, „unpassende" Informationen im Wahrnehmungsprozess auszublenden und „passende" zu erzeugen (vgl. Semmer, 1992). Neue Informationen zu Personen werden mit Hilfe bereits vorhandener Schemata interpretiert und abgespeichert. Trice und Beyer (1977) fanden in einer Studie über Alkoholprogramme im öffentlichen Dienst, dass Vorgesetzte deutlich häufiger wenig qualifizierte Arbeitnehmer auf Alkoholprobleme ansprachen als gelernte oder gar höherqualifizierte. Neben möglichen negativen Handlungsfolgen, die Vorgesetzte bei Höherqualifizierten von der Ansprache abhalten, ist dabei ein direkter Einfluss des Status auf die Problemwahrnehmung zu vermuten. Die Ausübung sozialer Kontrolle über Personen, die als selbstähnlich wahrgenommen werden, fällt weniger leicht.

Alkoholprobleme werden bei höherem sozialen Status ausgeblendet

Vorgesetzte betonen im Hinblick auf das Thema Alkohol häufig, dass ihnen Informationen über Mitarbeiter nur partiell zugänglich sind. Bei wenigen verfügbaren Eindrücken über eine Person werden diese übertrieben gewichtet. Wer eh schon „auf dem Kieker" ist, muss ständig mit weiteren Negativzuschreibungen rechnen. Umgekehrt ist es ausgesprochen unwahrscheinlich, dass bei qualifizierten, gut integrierten und beliebten Personen gegenläufige Informationen (z. B. über Alkoholprobleme, Nachlässigkeiten, Unzuverlässigkeiten usw.) im unmittelbaren Umfeld überhaupt Zugang finden. Bemerkenswert ist bei solchen Personen häufig, dass sie in weiter entfernten Abteilungen das Objekt heftigen Klatsches sind, während um sie herum „keiner etwas merkt".

Das diesen Beobachtungen innewohnende gemeinsame Phänomen, in der Personenwahrnehmung einen Zustand kognitiver Ausgewogenheit anzustreben, führt in unserem Fall in der Praxis seltener zu Überinterpretationen im Sinne einer voreiligen Zuschreibung von Alkoholproblemen. Der wahrscheinlichere Fall ist, gerade in Bereichen mit sozialkompetentem, qualifiziertem Personal, die konsequente Ausblendung von Wahrnehmungen, die auf Alkoholprobleme hindeuten. Die so entstehenden „Realitätskonstruktionen" ermöglichen es, dass Vorgesetzte, trotz des immer wieder geäußerten Bedürfnisses nach „Früherkennung von Alkoholikern" in krassester Weise über Jahre hinweg Signale sogar schwerer Chronifizierung

Zuschreibung von Ursachen

nicht wahrnehmen, sondern umdeuten und wegerklären können. Dabei spielt auch die Ursachenzuschreibung eine Rolle:

– So mag ein jüngerer Vorgesetzter sehr wohl bemerken, dass sein älterer Mitarbeiter trinkt. Er bewertet dies jedoch als „für dessen Generation normal". Er fühlt sich nicht berechtigt, den Lebensstil von jemandem zu kritisieren, der vom Alter her sein Vater sein könnte. Auffälligkeiten schreibt er vielleicht altersbedingten Abbauprozessen zu.

– Ein älterer Vorgesetzter mag umgekehrt den exzessiven Alkoholkonsum eines jüngeren Mitarbeiters sehr wohl bemerken. Er hat auch keine Hemmungen, diesen mit einem „väterlichen Rat" darauf anzusprechen. Allerdings erinnert er sich augenzwinkernd an seine eigenen Gewohnheiten als junger Mann und ist im Grunde überzeugt, dass diese Phase vorübergeht.

Die Ursachenzuschreibung „möglicherweise durch Suchtmittelkonsum oder -abhängigkeit bedingt" ist auf Grund ihres kränkenden und tabuisierten Gehalts nicht schnell zugänglich. Die statistische Information an Seminarteilnehmerinnen und Seminarteilnehmer darüber, dass ca. 5 % der Beschäftigten des jeweiligen Unternehmens als behandlungsbedürftig krank und weitere 10 % als gefährdet angesehen werden müssen, oder dass in der Bundesrepublik 1,5 bis 2 Millionen Menschen als behandlungsbedürftig alkoholkrank anzusehen sind, löst häufig eine vollständige Neuordnung der verfügbaren Informationen über Mitarbeiter aus. Dies wird deutlich, wenn Seminarteilnehmer, die eingangs formulieren „keine Probleme bei Mitarbeitern" zu haben, im Laufe des Seminars zögernd angeben, doch möglicherweise Alkoholprobleme bei einer Mitarbeiterin oder einem Mitarbeiter zu sehen und auf Nachfragen dann regelrechte Listen massiver Auffälligkeiten benennen.

Ursachenzuschreibungen sind Meinungen über Kausalzusammenhänge

Als Meinungen über Kausalzusammenhänge lassen sich Ursachenzuschreibungen in der Regel nicht überprüfen. So ist es nicht wirklich überprüfbar oder beweisbar, dass bestimmte Auffälligkeiten tatsächlich *ursächlich* mit Drogenkonsum oder Sucht zusammenhängen. Ursachenzuschreibungen beeinflussen aber maßgeblich unser Verhalten, häufig engen sie das Handlungsspektrum ein. Vorsichtige Interpretationsschemata wie „möglicherweise suchtmittelbedingt" oder „im Zusammenhang mit einem problematischen Alkoholkonsum" eröffnen für Vorgesetzte mehr Handlungsmöglichkeiten als die Schemata „süchtig", „krank" oder „alkoholabhängig". Sie lenken den Blick auf das konkrete Verhalten und die Auffälligkeiten selbst. Sie sind verhaltens- statt eigenschaftsorientiert und betonen die Möglichkeit von Alternativen. Dieser Fokus kostet weniger Energie, weil die müßige Suche nach „Beweisen von Kausalzusammenhängen" weg- fällt: Die Zeit etwa, die in sinnlose Taschenkontrollen, das Suchen von Verstecken und heimlichen Vorräten, den Versuch, Betroffene „in fla- granti" zu erwischen, investiert wird, kann sinnvoller für eine Ausein- andersetzug über die arbeitsbezogenen Auffälligkeiten genutzt werden: Auf diese Weise rücken Beobachtungen des konkreten Arbeits- und Sozi- alverhaltens und damit die eigentliche „Domäne des Vorgesetzten" wieder mehr ins Zentrum der Auseinandersetzung. Eine frühe, verhaltensbezo- gene Intervention wird dadurch eher gefördert.

3.2.4 Handlungssicherheit bei akuter Beeinflussung von Mitarbeitern durch Alkohol und Drogen

Vorgesetzte tragen dann eine Verantwortung für die Sicherheitsgefährdung durch Alkohol, wenn Sie die Alkoholisierung erkannt haben oder hätten erkennen können. Als Indizien können z. B. herangezogen werden: Alko- holfahne, schwankender Gang, verwaschene Sprache, aggressives Verhal- ten, Flaschensammlung am Arbeitsplatz oder Hinweise und Andeutungen Dritter, denen Vorgesetzte nachgehen müssen.

Ohne Vorliegen von Alkoholismus begründet der übermäßige Alkoholge- nuss stets den Vorwurf grober Fahrlässigkeit. Ein Arbeitnehmer haftet aus positiver Vertragsverletzung oder § 823 BGB für Schäden am Arbeitsgerät oder Eigentum des Arbeitgebers sowie für eventuelle Folgeschäden, die er infolge seiner Alkoholisierung verursacht. Weiter hat er für den Schaden einzustehen, der durch den Ausfall seiner Arbeitskraft entsteht (z. B. Ver- tragsstrafe wegen Nichteinhaltung von Terminen) sowie für Schadenser- satzansprüche von oder Schmerzensgeld für Kollegen. Ein alkoholisierter Arbeitnehmer verliert seinen gesetzlichen Unfallversicherungsschutz bei Wegeunfällen. Bei beruflichen Fahrten besteht kein Haftpflichtschutz des Fahrers. Wenn die Schäden vorsätzlich oder grob fahrlässig herbeigeführt wurden, was bei Alkoholmissbrauch anzunehmen ist, entfällt der private Versicherungsschutz. Es besteht die Möglichkeit von Regressansprüchen durch die Berufsgenossenschaft.

Zu den Aufgaben des Arbeitgebers bzw. konkret des unmittelbaren Vorge- setzten gehört die Überwachung der Arbeitssicherheit. Wenn der Vorge- setzte weiß oder hätte wissen müssen, dass ein Mitarbeiter sich und andere durch Alkoholkonsum gefährdet, und keine Schutzmaßnahmen ergreift, kann auch er für den entstandenen Schaden haftbar gemacht werden.

Die Verantwortung des Arbeitgebers bzw. des unmittelbaren Vorgesetz- ten erstreckt sich dabei auch auf den sicheren Heimweg. Ein angetrunke- ner Mitarbeiter darf am Werkstor nicht sich selbst überlassen werden. Wer

Die Verantwor- tung reicht bis zur Wohnungs- tür

einen angetrunkenen Mitarbeiter in einem PKW – auch dem eigenen – selbst nach Hause fahren lässt – z. B. nach der Suspendierung von der Arbeit oder nach einer Betriebsfeier – verletzt die Fürsorgepflicht. Er schuldet dem alkoholisierten Mitarbeiter unter Umständen wegen des entfallenen gesetzlichen Unfallversicherungsschutzes sogar Schadensersatz, wenn er ihn nicht daran hindert, ein Fahrzeug zu führen. Dies kann notfalls durch Wegnahme der Autoschlüssel und mit Hilfe der Polizei geschehen. Der Mitarbeiter kann durch Angehörige, ein Taxi oder durch Kollegen nach Hause gebracht werden. Die Kosten für den sicheren Heimtransport trägt der Arbeitnehmer.

> Ein Vorgesetzter, der beim Eindruck von Alkoholisierung oder Beeinflussung durch Drogen handelt und den Mitarbeiter an der Arbeitsaufnahme hindert, handelt also für sich selbst: Er schützt sich.

Diese Sichtweise bewirkt im Führungstraining häufig Entlastung.

Verstößt der Arbeitnehmer gegen das Gebot der Unvallverhütungsvorschriften, sich durch Alkohol oder Drogen in einen Zustand zu versetzen, in dem er sich oder andere gefährdet, so bestimmt der § 38 II VBG I, dass eine solche Person nicht beschäftigt werden darf. Letzteres gebietet im Übrigen auch die kraft Gesetz (§§ 618 BGB, 120 a GewO) bestehende Fürsorgepflicht des Arbeitgebers. Das Beschäftigungsverbot beinhaltet (zumindest für nicht alkoholkranke Mitarbeiter), dass der Arbeitnehmer keinen Anspruch auf Arbeitsentgelt für die Arbeitszeit hat, in der er ausgefallen. Bei Alkoholkranken gestaltet sich dieser Sachverhalt komplizierter, weil nicht von einem Verschulden dese Arbeitnehmers ausgegangen wird.

Nicht unbedingt muss der Arbeitnehmer aus dem Betrieb entfernt werden, wenn Gefährdungen ausgeschlossen werden können. Allerdings darf der Arbeitgeber den Arbeitnehmer nicht gegen dessen Willen im Betrieb „ausnüchtern“, sondern muss für den sicheren Heimtransport Sorge tragen.

> Es liegt in der Verantwortung des Vorgesetzten, nach subjektiven Kriterien zu entscheiden, ob eine Tätigkeit trotz Leistungseinbußen noch sicher ausgeführt werden kann.

Der Vorgesetzte muss die Alkoholisierung/Beeinflussung durch Drogen nicht nachweisen. Maßgebend sind der persönliche Eindruck des Vorgesetzten und hinzugezogener Zeugen (z. B. andere Vorgesetzte, Personalbereich, Betriebsrat, Fachkraft für Arbeitssicherheit). Bei einer Suspendierung von der Tätigkeit bzw. aus dem Betrieb müssen allerdings die Grundsätze der Verhältnismäßigkeit gewahrt werden.

- *Ein verbreitetes Missverständnis: Beweislast*

„Objektive Methoden" zur Alkoholbestimmung darf der Betrieb nicht anordnen, da dies ein Eingriff in das Grundrecht auf körperliche Unversehrtheit und Schutz der Persönlichkeit wäre. Ein Mitarbeiter kann sich jedoch, wenn er sich ungerecht der Alkoholisierung verdächtigt fühlt, freiwillig einem Alkohol- oder Drogentest unterziehen. Der Betrieb kommt dem Mitarbeiter entgegen, wenn er entsprechende Instrumentarien als „Service" bereitstellt. Die Einschätzung des Vorgesetzten, dass eine Gefahr für die Arbeitssicherheit besteht, wird von dem Ergebnis der Untersuchung nicht beeinflusst!

Wirkt ein Arbeitnehmer an der Feststellung seiner Alkoholisierung etwa durch einen Alkoholtest nicht mit, so kommen im Streitfall als Beweismittel für die Tatsache der alkoholbedingten Arbeitsunfähigkeit ausschließlich Aussagen des Arbeitgebers und hinzugezogener Zeugen (Arzt, Personal- oder Betriebsrat, betriebliche Vorgesetzte) in Betracht. Es kommt dann allein auf deren (relativen) Eindruck bezüglich des Zustands des Arbeitnehmers (Leistungseinbußen; Ausfallerscheinungen) an. Stellt der Betrieb Alkoholtestverfahren bereit, ist dies insofern als *Angebot* für den Arbeitnehmer zu betrachten, sich unaufwändig für ihn selbst vom Verdacht der Alkoholisierung auf Basis des Eindrucks, den er durch seinen Zustand erweckt, zu befreien.

3.2.5 Empfehlung: Unterstützung klarer Reaktionen

Vorgesetzten sollte die klare Reaktion auf Auffälligkeiten möglichst leicht gemacht werden. Die Durchsetzung von „Punktnüchternheit" am Arbeitsplatz ist eine Voraussetzung für klare und eindeutige Positionen auch bei der Intervention im Wiederholungsfall.

Ein enormes Hindernis bei der Durchsetzung stellen Alkoholverbote dar, die einmalige Vorfälle direkt mit einer Abmahnung verbinden. Das Problem besteht in der Schwere der Sanktion. Wenn Vorgesetzte „mit Kanonen auf Spatzen" schießen müssen – insbesondere wenn der Mitarbeiter sonst eine gute Arbeit macht –, neigen sie dazu, wegen der Schwere der Sanktion das Problem zu bagatellisieren und zu übersehen. Dies kann sich bis in die Wahrnehmung hinein auswirken.

Vorgesetzte, die Mitarbeiter wegen Auffälligkeiten nach Hause befördern lassen, brauchen innerbetrieblichen Rückhalt. Entlastend sind:
– Regelung der Beförderung (z. B. mit einem Taxiunternehmen)
– gute Vertretungsregelungen
– die klare betriebliche Aussage, dass dieses Führungsverhalten erwünscht ist, auch wenn es „etwas kostet" (z. B. verzögerte Auftragsabwicklung)

Entscheidend ist die Unterstützung besonders dann, wenn der höchst unwahrscheinliche Fall eintritt, dass sich im Nachhinein – etwa durch einen Alkoholtest – herausstellt, dass die Führungskraft sich geirrt hat!

Umgang mit Mitarbeitern unter Alkohol-Drogeneinfluss: Was muss der/die Vorgesetzte tun?
Wahrnehmen
Der Vorgesetzte nimmt eine Zustandsveränderung als Abweichung vom Normalfall wahr.
Bewerten
Der Vorgesetzte bewertet die Abweichung als relevant für den Arbeitseinsatz. Er bringt sie gedanklich in Zusammenhang mit der Möglichkeit eines Suchtmittelmissbrauchs. Ggf. lässt er zu seiner eignen Absicherung seinen Eindruck von einer weiteren Person bezeugen.
Verantworten
Der Vorgesetzte schätzt ab, ob er die Verantwortung für den Arbeitseinsatz übernehmen kann. Bei relevanten Abweichungen und Signalen für Suchtmittelmissbrauch ist dies i. d. R. nicht der Fall. Bei ernsthafter Beeinträchtigung ist u. U. im Rahmen der Fürsorgepflicht Verantwortung für die sofortige Organisation ärztlicher Hilfe wahrzunehmen.
Intervenieren
Der Vorgesetzte teilt dem Mitarbeiter seine Entscheidung mit, ihn nicht einzusetzen. Er bietet ihm an, sich ggf. vom Eindruck der Beeinflussung durch Suchtmittel zu entlasten, indem er Nüchternheit nachweist. Er organisiert, dass der Mitarbeiter sicher nach Hause kommt, ggf. in ärztliche Betreuung. Bei Weigerung des Mitarbeiters schaltet er weiteres Personal (z. B. Werksschutz) ein.
Verankern
Der Vorgesetzte spricht den Mitarbeiter bei der Wiederaufnahme der Arbeit auf den Vorfall an. Gegebenenfalls wird damit eine Auseinandersetzung im Rahmen eines abgestuften Verfahrens (s. u.) begonnen oder weitergeführt.

3.2.6 Konstruktive Intervention bei wiederholten Auffälligkeiten

Die Intervention im Einzelfall lebt von der Rollenklarheit und der Nutzung der unterschiedlichen Positionen.

Die *Trennung zwischen Intervention und Beratung/Hilfe* ist dabei eine entscheidende Grundlage. Diese duale Strategie erfordert ein bewusstes Handeln aus der jeweiligen Rolle heraus.

Die Intervention geschieht durch den Vorgesetzten und wird in einem abgestuften Verfahren über die Linie bis hin zur Personalabteilung (arbeitsrechtliche Konsequenzen) unterstützt.

Die Beratung und Hilfestellung erfolgt durch interne oder externe Berater (Sozialberatung, kollegiale Suchtkrankenhelfer, Betriebsarzt, externe Fachberatung), die dem Vorgesetzten gegenüber unter Schweigepflicht stehen, es sei denn, der Mitarbeiter wünscht eine Kontaktaufnahme zum Vorgesetzten.

Der Betriebs- oder Personalrat hat die Aufgabe, Programmressourcen zu verhandeln und die Qualität der Auseinandersetzungen hinsichtlich Fairness und Rechtmäßigkeit zu überwachen.

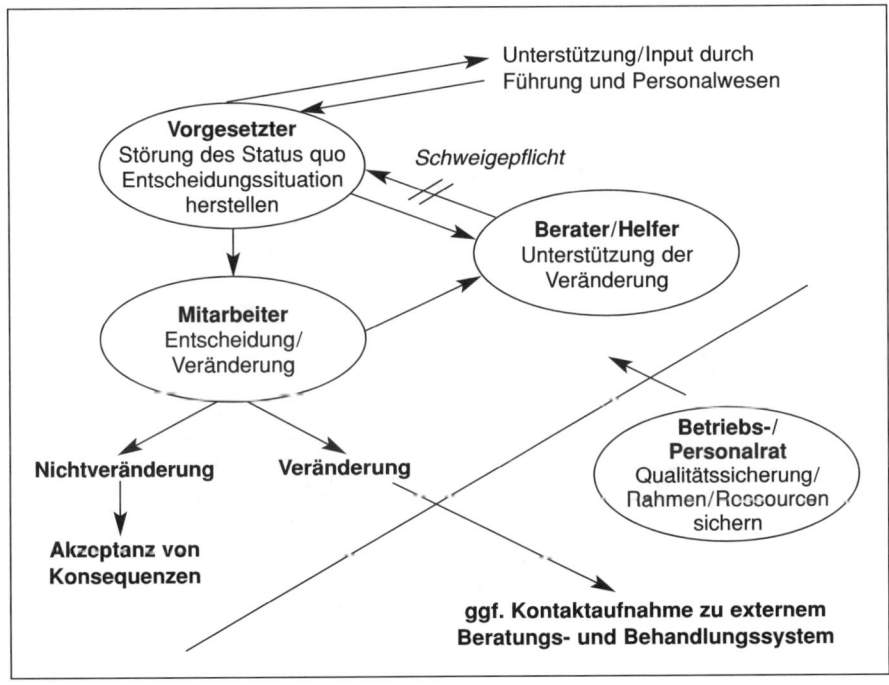

Abbildung 9:
Rollen im Rahmen der Intervention

Im Kern bedeutet Rollenklarheit bei der Intervention, dass auffällige Mitarbeiter/innen mit den Wahrnehmungen und Beobachtungen, die der Vorgesetzte macht, konfrontiert werden und aufgefordert werden, das beanstandete Verhalten zu verändern. Der Vorgesetzte geht mit diesem Veränderungsanliegen aktiv auf den Mitarbeiter zu. Für den Fall, dass der Mitarbeiter sein Verhalten nicht aus eigener Kraft ändern kann, wird auf ein psychosoziales Unterstützungsangebot (intern oder extern) verwiesen. Aus diesem Angebot hält sich der Vorgesetzte so weit als möglich heraus. Der Mitarbeiter geht aktiv auf den Berater zu, nicht umgekehrt.

Bei diesem dualen Ansatz werden Auffälligkeiten als *Chance* genutzt, mit den Mitarbeitern ins Gespräch über ihre Situation zu kommen. Durch ein *Ernstnehmen* und Ansprechen der Auffälligkeiten, statt sie zu ignorieren oder zu bagatellisieren, signalisieren Vorgesetzte *Achtung* vor den jeweiligen Mitarbeitern und *Anteilnahme*. Der für Suchtmittelmissbrauch typischen psychischen Abwehr begegnen Vorgesetzte, in dem sie die Auseinandersetzung durch *Fakten, klare Erwartungen, Hilfeangebote und Konsequenzen* immer wieder an die Mitarbeiter herantragen. Damit wird die Mitarbeiterin oder der der Mitarbeiter daran gehindert, weiter der Realität auszuweichen. Vielmehr wird *Realitätskontakt* hergestellt.

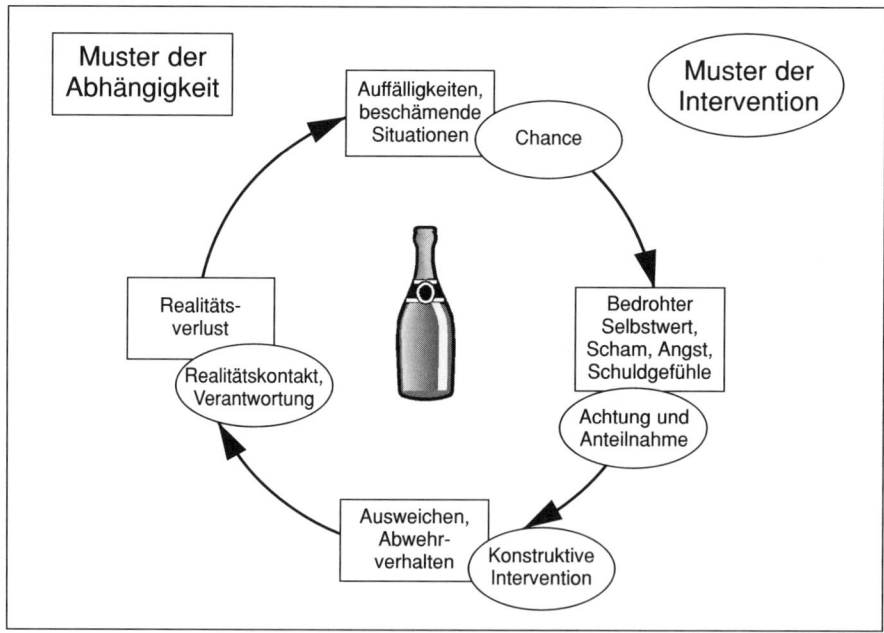

Abbildung 10:
Programm der Intervention

Dieser Ansatz ist vollkommen unabhängig von Diagnosen und entlastet die Vorgesetzten von der Aufgabe, kriminalistisch oder laientherapeutisch nach den hinter den Auffälligkeiten stehenden Ursachen zu fahnden. Selbstverständlich können und sollen im Gespräch zwischen Vorgesetzten und Mitarbeitern Eindrücke zur Sprache kommen, die etwa auf ein Alkoholproblem verweisen: Das Wort Alkohol ist nicht tabu. Im Gegenteil sollten vorhandene deutliche Alkoholauffälligkeiten mit anderen Auffälligkeiten im Verhalten und der Arbeitsleistung in Verbindung gebracht werden. Die Diagnosestellung und tiefergehende Analysen über das persönliche Problem des Mitarbeiters sollte allerdings Fachleuten überlassen bleiben. Umgekehrt lässt sich die Konfrontation mit Fakten und Auffälligkeiten am Arbeitsplatz nicht an Vertreter psychosozialer Berufsgruppen delegieren.

Vorzüge der dualen Strategie konstruktiver Intervention

– Ansatzpunkt an Fakten
– Klare Zielvorgaben durch arbeitsbezogene Anforderungen
– Klare Grenzsetzung bei Nichteinhaltung der Zielvorgaben
– Direkte persönliche Unterstützung durch Information über psychosoziale Hilfeangebote und ggf. Kontaktvermittlung
– Klare Rollentrennung zwischen Aufgaben der Vorgesetzten und psychosozialen Hilfsangeboten

---

Die Auseinandersetzung, die Vorgesetzte mit ihren Mitarbeitern über ihre Beobachtungen führen, sollte eingebettet sein in ein abgestuftes Interventionsverfahren, das mehrere Schritte vorsieht, die jeweils mit persönlichen Gesprächen verbunden werden. Mit dieser Strategie sind einige Anforderungen an entsprechende Mitarbeitergespräche und ihre Einbettung in eine Gesamtstrategie verbunden.

Vorgesetzte müssen im Mitarbeitergespräch in der Lage sein, die folgenden Anforderungen zu erfüllen:
– Kontext herstellen: Es geht um Veränderung. Wertschätzende Haltung
– Konkrete Beschreiben der Auffälligkeiten und Verhaltensweisen am Arbeitsplatz
– Angabe klarer, realistischer Verhaltenserwartungen und Zielvorgaben
– Grenzsetzung, Aufzeigen und Einhalten abgestufter Konsequenzen bei Nichterfüllung der Verhaltenserwartungen
– Information über betriebliche Hilfeangebote, Verringerung der Hemmschwelle und Ermutigung zur Inanspruchnahme vorhandener Unterstutzung

Zeigt sich nach Vier-Augen-Gesprächen zwischen Vorgesetzten und Mitarbeitern nach diesem Prinzip keine Veränderung, so wird in einem abgestuften Verfahren der beteiligte Personenkreis schrittweise erweitert bis hin zur Ergreifung arbeitsrechtlicher Maßnahmen.

1. Stufe: 4-Augen-Gespräch Vorgesetzte/r – Mitarbeiter/in

Beim Auftreten von Auffälligkeiten im Leistungs- und Verhaltensbereich, die in Zusammenhang mit Suchtmittelmissbrauch stehen könnten, führt der oder die unmittelbare Vorgesetzte mit der Mitarbeiterin/dem Mitarbeiter ein Gespräch unter vier Augen. Der Vorgesetzte teilt seine Beobachtungen mit und spricht deutlich seine Erwartungen aus. Er informiert ggf. über vorhandene Hilfsangebote und vereinbart einen Beobachtungszeitraum (ca. 4 bis 6 Wochen) sowie ein Folgegespräch über dieses Thema. Über das Gespräch wird kein formales Protokoll angefertigt.

2. Stufe: Formales 4-Augen-Gespräch

Treten im Beobachtungszeitraum weitere Auffälligkeiten auf oder konnte die Mitarbeiterin/der Mitarbeiter auf Grund der Probleme am Arbeitsplatz nicht eingesetzt werden, führt der/die Vorgesetzte ein weiteres Vier-Augen Gespräch. Sie/er beschreibt erneut die zu verändernden Verhaltensweisen und ihre Auswirkungen sowie die Veränderungserwartungen. Sie/er informiert über vorhandene interne und externe Hilfeangebote hin und empfiehlt nachdrücklich deren Nutzung. Für den Fall der Nichtveränderung der beanstandeten Verhaltensweisen wird eine Erweiterung des beteiligten Personenkreises (3. Stufe) angekündigt. Der/die Vorgesetzte fertigt über dieses Gespräch ein Protokoll an, das der/die Mitarbeiter/in ebenfalls erhält und gegenzeichnet.

3. Stufe: Einschaltung der nächsten Führungsebene und Ermahnung

Treten im Verlauf der nächsten 4 bis 6 Wochen erneut Auffälligkeiten auf, informiert der/die unmittelbare Vorgesetzte wie angekündigt die Abteilungsleitung bzw. die nächsthöhere Vorgesetztenebene über die Situation. Von dieser Seite wird zusammen mit der/dem unmittelbaren Vorgesetzten erneut mit dem/der Mitarbeiter/in ein Gespräch geführt. Dabei werden nochmals die Auffälligkeiten beschrieben, es werden erneut klare Verhaltenserwartungen formuliert, es wird eindringlich aufgefordert, Hilfe anzunehmen. Dies kann mit der Auflage verbunden werden, Kontakt mit einer Fachberatungsstelle aufzunehmen und dies nachzuweisen. Für den Fall der Nichtveränderung der beanstandeten Verhaltensweisen wird die vierte Stufe angekündigt. Über das Gespräch wird ein Protokoll angefertigt, das der Mitarbeiter erhält, und es wird eine mündliche Ermahnung erteilt, die der Personalabteilung mit dem Gesprächsprotokoll zur Kenntnisnahme übersandt wird.

4. Stufe: Erste Abmahnung

Treten im Verlauf der nächsten Wochen wiederum Auffälligkeiten auf, erfolgt eine schriftliche Abmahnung durch die Personalabteilung. War der Betriebs- oder Personalrat zuvor nicht auf Wunsch der Mitarbeiterin/des Mitarbeiters in das Verfahren einbezogen, so wird er über das Verfahren informiert. Die Abmahnung wird (unter Beteiligung der unmittelbaren Vorgesetztenebene und des Betriebs- bzw. Personalrates) mit einem Gespräch in der Personalabteilung verbunden, in dem erneut die Fakten, die Erwartungen und die Hilfsangebote benannt werden und in dem für den Fall der Nichtveränderung der fünfte Schritt angekündigt wird.

5. Stufe: Zweite Abmahnung

Erfüllt der Mitarbeiter/die Mitarbeiterin die mit der Abmahnung verbundenen Erwartungen und Auflagen nicht innerhalb einer vorgegebenen Frist, so wird bei erneuten Auffälligkeiten letztmalig abgemahnt. In einem Gespräch mit dem vorgenannten Personenkreis nach dem bereits beschriebenen Prinzip wird ihm/ihr mitgeteilt, dass die Kündigung ausgesprochen wird, wenn weitere Auffälligkeiten auftreten und die Hilfeangebote nicht angenommen werden.

6. Stufe: Kündigung

Bei Nichterfüllung der Auflagen bzw. erneuter Auffälligkeit erfolgt die Kündigung. Mit dem Zugang der Kündigung wird die Möglichkeit der Wiedereinstellung nach erfolgreicher Problembewältigung angekündigt.

Ziel der Gespräche im Rahmen eines solchen Verfahrens ist es, den/die Mitarbeiter/in in abgestuften Interventionen in immer eindringlicherer Art vor eine Entscheidungssituation zu stellen. Durch die präzisen und detaillierten Beschreibungen, die der/die Vorgesetzte jeweils gibt, hat der/die Mitarbeiter/in die Chance, den eigenen Zustand realistisch einzuschätzen. Die Stufen signalisieren, wie ernst die Auseinandersetzung von betrieblicher Seite genommen wird. Der/die Mitarbeiterin kann auf dieser Basis ihr Verhalten aus eigener Kraft korrigieren. Gelingt ihm/ihr eine Veränderung aus eigener Kraft nicht, stehen Hilfeangebote zur Verfügung. In der Wahl dieser Angebote ist er/sie frei, erhält aber vom Betrieb gezielte Information und Unterstützung.

Kommt es nicht zu Verhaltensänderungen und werden die Hilfeangebote nicht angenommen, so machen abgestufte Konsequenzen den Entscheidungsdruck immer spürbarer deutlich.

Versperrt wird hierdurch die Festschreibung des Status quo. Hierbei steht die Überlegung im Mittelpunkt, den betroffenen Mitarbeitern die Verantwortung für die Wiederherstellung ihrer Gesundheit zurückzugeben und deutlich zu machen, dass der weitere Verlauf der Auseinandersetzung in ihrer Hand liegt. Das Unternehmen lässt Mitarbeiter/innen im Rahmen seiner Fürsorgepflicht dabei nicht allein.

Anforderungen an Mitarbeitergespräche

Gespräche, die die geschilderten Anforderungen erfüllen, erfordern nicht nur eine gezielte Vorbereitung, sondern in aller Regel auch Übung. Die wenigsten Vorgesetzten sind in der Lage, „aus dem Stand" Gespräche dieser Art zu führen und dabei eine gute Balance zwischen den genannten Anforderungen zu finden. Die skizzierten wechselweise Abhängigkeiten zwischen Vorgesetzen und ihren Mitarbeitern lösen darüber hinaus die verschiedensten Befürchtungen aus und erweisen sich im Konfliktfall oft als hinderlich.

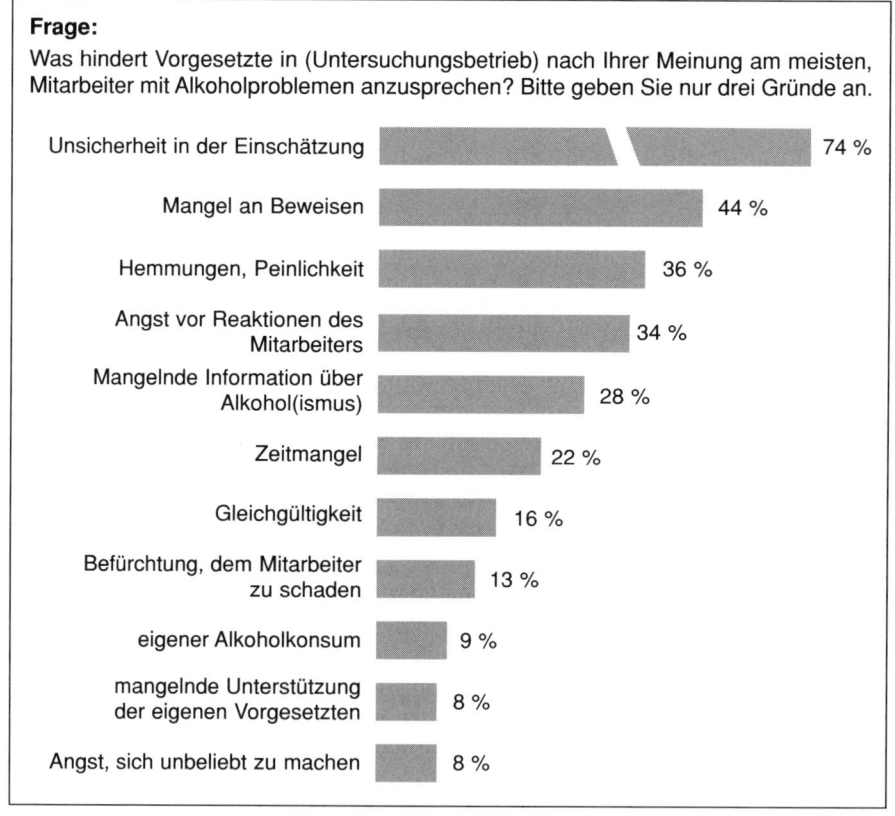

Frage:
Was hindert Vorgesetzte in (Untersuchungsbetrieb) nach Ihrer Meinung am meisten, Mitarbeiter mit Alkoholproblemen anzusprechen? Bitte geben Sie nur drei Gründe an.

Unsicherheit in der Einschätzung	74 %
Mangel an Beweisen	44 %
Hemmungen, Peinlichkeit	36 %
Angst vor Reaktionen des Mitarbeiters	34 %
Mangelnde Information über Alkohol(ismus)	28 %
Zeitmangel	22 %
Gleichgültigkeit	16 %
Befürchtung, dem Mitarbeiter zu schaden	13 %
eigener Alkoholkonsum	9 %
mangelnde Unterstützung der eigenen Vorgesetzten	8 %
Angst, sich unbeliebt zu machen	8 %

Abbildung 11:
Hinderungsgründe für die Intervention (Quelle: Landesbank Berlin (1995a))

Je nach persönlicher Beziehung, Vorgeschichte und Kontext neigen Vorgesetzte dazu,

– das Problem „technisch" zu betrachten und einen ernsthaften Kontakt mit den Mitarbeitern zu vermeiden
– sich über Gebühr in die persönlichen Probleme der Mitarbeiter hineinzuversetzen
– unrealistische Erwartungen an die Mitarbeiter zu stellen
– zu reden, aber keine Konsequenzen zu ziehen
– sich durch mehr oder minder subtile Drohungen auf verschiedensten Ebenen erpressen zu lassen
– zu „strafen", aber keine Hilfe anzubieten
– den Gesprächen aus Angst vor mangelnder „Rückendeckung" ganz aus dem Weg zu gehen
– unrealistische Konsequenzen anzudrohen, die dann nicht eintreten

Zu diesen Befürchtungen auf verschiedenen Ebenen treten erhebliche Unsicherheiten über das richtige Handeln in Akutsituationen sowie über die eigenen Rechte und Pflichten.

3.2.7 Seminare und Coaching für Führungskräfte: Standards und Empfehlungen

Seminare und Kurzveranstaltungen

Eine bewährte Form der Unterstützung besteht in gezielter themenbezogener Schulung. Dabei ist auf folgende Standards bei den Seminaranbietern zu achten:

– Die Seminare sollten gewährleisten, dass die Aufklärung und Sensibilisierung zum Thema Alkohol nicht zu einer Veranstaltung über Sucht gerät, sondern dass die Thematisierung der Führungsprobleme im Vordergrund steht. Der Umgang mit Alkoholauffälligkeiten verweist immer auf Aspekte des Führungshandelns ganz allgemein und legt die „Schwächen" in der Führungskultur offen.
– Die Anbieter sollten in der Lage sein, den Umgang mit Alkohol bei den Seminarteilnehmern selbst zu thematisieren und betroffene Führungskräfte entsprechend zu beraten.
– Die Anbieter sollten entsprechend nach beiden Seiten qualifiziert sein: Expertenwissen in Fragen der Alkohol- und Drogenproblematik sind gefordert, besonders aber auch Trainingserfahrung im Bereich Führung und Kommunikation.
– Wenn die Handlungssituation der Führungskräfte selbst fokussiert wird, ist ein zeitlicher Rahmen erforderlich, der es ermöglicht, auf Einzelne in ihrer Situation angemessen einzugehen. In Vorträgen und Kurzveranstaltungen können Basisinformationen gegeben und die Logik der Intervention dargelegt werden. Für ein gezieltes Training der Gesprächsführungs-

kompetenzen mit den einzelnen Führungskräften sind zwei- bis dreitägige Trainingsseminare angemessen.
– Seminare zu diesem Thema sollten grundsätzlich als Top-Down-Schulungen ausgelegt sein, da die handelnden Führungskräfte bei diesem heiklen Thema auf die Rückendeckung ihrer eigenen Vorgesetzten angewiesen sind.

Abbildung 12:
Effekte der Seminare aus Sicht der Teilnehmer
Quelle: Landesbank Berlin (1995a)

Coaching

Coaching ist ein in der Praxis hervorragend bewährtes Instrument zur Unterstützung von Vorgesetzten (Rauen, 2002). Vor allem Führungskräfte, die aktuell in Auseinandersetzungen mit betroffenen Mitarbeitern stehen, sind auf direkte Unterstützung im Umgang mit der Problematik angewiesen. Dies gilt keineswegs nur für jüngere und unerfahrene Führungskräfte, sondern nahezu für alle.

- Ein überraschend hoher Anteil der Führungskräfte ist mit Alkoholproblemen im engeren privaten Umfeld konfrontiert. Wo der Vater, die Mutter, Geschwister oder Partner unter diesem Problem leiden, kann in der Auseinandersetzung mit betroffenen Mitarbeitern manches persönliche Gefühl ungesteuert eingehen bzw. ausgelöst werden, das mit dieser Situation eigentlich nicht zu tun hat.
- Auseinandersetzungen über das Thema Alkohol verlaufen häufig konflikthaft und bringen Führungskräfte an ihre persönlichen Grenzen. Mit entsprechender Unterstützung können sie daran wachsen.
- Mit ereignisnaher fachlicher Beratung für Führungskräfte können die Interventionsgespräche durch Vorbereitung und Auswertung effektiver gestaltet werden.

Für das Coaching von Führungskräften ist im Prinzip – wie für die Seminare – eine doppelte Qualifikation der Berater erforderlich. Es ist nicht empfehlenswert, den Personenkreis, der für die persönliche Beratung *Betroffener* zuständig ist, gleichzeitig den Führungskräften an die Seite zu stellen. Zum einen kann dies mit Erfordernissen der Schweigepflicht bei den Beratern kollidieren und erhebliches Misstrauen bei den Beschäftigten auslösen. Zum anderen sind die zur Beratung bei Alkoholproblemen zur Verfügung stehenden Experten für die Beratung bei Führungsaufgaben – unabhängig von ihrer persönlichen Kompetenz im Einzelfall – häufig nicht qualifiziert. Dies gilt besonders für die nebenamtlichen Suchtkrankenhelfer.

Eine personelle Trennung der Beratung von Klienten mit Alkoholproblemen und ihren Vorgesetzten ist daher aus fachlichen Gründen sinnvoll.

Integration in die Führungskräfte-Entwicklung

Angesichts knapper Ressourcen sind viele Betriebe dazu übergegangen, das Thema in die allgemeine Führungskräfte-Entwicklung etwa im Rahmen von Kollegs zu integrieren. Dazu können z. B. in Kollegs Bausteine zum Thema „Umgang mit Mitarbeitern in Krisensituationen" oder „Schwierige Mitarbeitergespräche" durchgeführt werden.

Aller Erfahrung nach bedarf die Thematik jedoch expliziter Aufmerksamkeit und auch entsprechender Qualifikation der beteiligten Trainer. Die Auseinandersetzungsfähigkeit, die Vorgesetzte in diesen schwierigen Führungssituationen an den Tag legen müssen, rechtfertigt jedoch unbedingt einen Bezug zum Thema „Leadership" (Rummel, 2001).

3.2.8 Konsens erzeugen: Schaffung eines verbindlichen Handlungsrahmens für die Intervention

Seminare und Coaching ermöglichen, dass Führungskräfte Sicherheit in der Frage gewinnen, wie sie sich gegenüber alkoholauffälligen Mitarbeiterinnen und Mitarbeitern im gegebenen Kontext verhalten können und sollen.

„Spielregeln" werden nicht von Externen definiert

Beide Instrumente sind jedoch nicht geeignet, die formalen und informellen Spielregeln, die in diesem Handlungskontext im Unternehmen gelten, zu beeinflussen. Menschen handeln nicht nach den Regeln, die Trainer und Berater vorgeben, sondern nach den in ihrem Handlungsgefüge real zu erwartenden Handlungsfolgen (Rainer, 1993b). Will die Unternehmensleitung Führungskräfte darin bestärken, bei Alkoholproblemen aktiv und eng zu führen, so sind die folgenden klaren Signale erforderlich:

Klare Signale der Unternehmensleitung

1. Das Thema wird im Haus ernstgenommen: Dies dokumentiert die Leitung durch Präsenz in den Schulungen und durch eine klare und eindeutige Politik im Umgang mit Alkoholauffälligkeiten.

2. Es existiert ein verbindlicher Verhaltenskodex: Ein verbindlicher Handlungsrahmen, der sowohl die Spielregeln im Umgang mit Alkohol regelt, wie auch die Frage der Intervention im Einzelfall, ist hierzu hilfreich. Die Frage, ob dieser Handlungsrahmen schriftlich festgelegt und etwa in einer Betriebs- oder Dienstvereinbarung festgehalten wird, ist im Einzelfall je nach Stand der betrieblichen Auseinandersetzung unterschiedlich zu entscheiden. Der Handlungsrahmen muss Spielräume für den Einzelfall ermöglichen, damit bei den Vorgesetzten nicht die Vorstellung eines „Automatismus" entsteht, der mit dem ersten Gespräch ausgelöst wird.

3. Die Regeln gelten für alle: Dies dokumentiert die Leitung, indem alkoholauffälligen Führungskräften die gleiche Hilfe und Auseinandersetzung angeboten wird wie Mitarbeitern auf den unteren Stufen der betrieblichen Hierarchie.

4. Die vereinbarten Spielregeln sind konsensfähig und werden persönlich von den Entscheidungsträgern umgesetzt: Dies kann durch persönliche Stellungnahmen aus der Vorstandsebene, der Personalabteilung, dem Betriebs- oder Personalrat, den beteiligten Experten und anderen betrieblichen Funktionsträgern beispielsweise im Rahmen einer Seminareinheit bei den Führungskräfteschulungen dokumentiert werden.

5. Vorgesetzte, die Alkoholprobleme aktiv angehen, werden nicht „bestraft", sondern „belohnt": Dies zeigt sich darin, dass Entscheidungen, die Vorgesetzte zu diesem Thema treffen, mitgetragen werden auch dann, wenn sie sie nicht zu schnellen Erfolgen führen oder mit Fehlern behaftet sind. Zum Beispiel sollten Vorgesetzte, die sich selbst jahrelange Versäumnisse

70

eingestehen müssen und sich mit der Auseinandersetzung entsprechend schwer tun, nicht auf subtile Weise für ihre „Führungsschwäche" diskreditiert, sondern aktiv unterstützt werden.

Die Schaffung eines verbindlichen Handlungsrahmens ist verhandlungsbedürftig: Hier spielt der Betriebs- oder Personalrat eine wesentliche Rolle. Von der Position der Mitbestimmungsträger hängt es oft mit ab, ob ein Programm in konsensfähiger Weise zum Tragen kommt oder nicht. Auch die Verhandlung der Ressourcen etwa für Schulungen und Coaching, vor allem aber die Implementierung von Hilfeangeboten, die eine freiwillige Leistung des Arbeitgebers darstellen, wird erfahrungsgemäß nachhaltig von der Aktivität der Mitbestimmungsgremien beeinflusst.

3.2.9 Philosophie: Man kann nicht nicht kommunizieren

Die hier vorgeschlagene Interventionsstrategie geht davon aus, dass Menschen aus einer bestimmten *Legitimation* heraus Verantwortung übernehmen, dass dem Einzelnen jedoch die Freiheit über die Gestaltung seines Lebens zukommt. Für Vorgesetze erweisen sich dabei – wie bei jedem anderen Kommunikationsgegenstand – folgende Grundhaltungen als nützlich:

* *Man kann nicht nicht kommunizieren (Paul Watzlawick)*

Verhalten hat kein Gegenteil, man kann sich nicht nicht verhalten. Nicht zu intervenieren trotz vorhandener Auffälligkeiten ist genauso Kommunikation und Information wie Intervenieren. Nichthandeln des Umfeldes signalisiert dem alkoholauffälligen Mitarbeiter, dass kein Veränderungsbedarf besteht. Im Rahmen seiner Abwehrstrategien wird diese Information möglicherweise sogar so weit konstruiert, dass kein Problem besteht.

* *Es gibt keine Wahrheit, jedoch Verantwortung (Heinz von Foerster)*

Es ist nicht sinnvoll, die „Wahrheit" finden zu wollen, herauszufinden, was „wirklich" los ist, „richtige" Diagnosen zu stellen. Es ist ausreichend, sich am eigenen Verantwortungsbereich zu orientieren und von dieser Position aus zu handeln. Aus dieser Position heraus können Probleme in Form von *Ich-Botschaften* beschrieben werden: Was ist für mich, in meiner Verantwortung, nicht tragbar? Wo sehe ich, aus meiner Rolle heraus, den Veränderungsbedarf? Was werde ich, wenn ich den Status quo nicht akzeptiere, tun? Diese Strategie lässt dem Auseinandersetzungspartner die volle Entscheidungsfreiheit – jedoch auf einer Informationsgrundlage, die die Antizipation von Konsequenzen ermöglicht.

- *Jede Technik wirkt wie der Geist, der sie handhabt (Viktor Frankl)*

Die kriminalistische und kontrollierende Sprache, die manchen Präventionsprogrammen anhaftet, ist überflüssig und hinderlich für einen wertschätzenden, achtungsvollen Umgang miteinander. Noch demütigender ist die in manchen Programmen spürbare Haltung der „Abstrafung" von Fehlverhalten. Bei konsequentem Führungshandeln geht es nicht um Strafe, sondern um Klarheit – und es geht darum, an die erwachsene, verantwortungsbewusste Seite der Mitarbeiter zu appellieren, indem über Handlungsfolgen informiert wird.

Der Geist, in dem Verhaltens- und Gesundheitsprobleme von Mitarbeitern behandelt werden sollten, ist eine Grundhaltung der Achtung und Wertschätzung. Diese Haltung ist ein Erfolgsfaktor im Umgang miteinander – auch und erst Recht im Umgang mit Menschen, die Suchtmittelprobleme haben. Denn diese haben stets auch Selbstwertprobleme. Die offene, gerade und einfühlend-wertschätzende Auseinandersetzung basiert auf Ebenbürtigkeit, während die Verwechslung von Einfühlung mit dem Impuls, den Mitarbeiter durch Vertuschen zu schützen, diesen klein macht.

- *Der Zielzustand orientiert, nicht das Problem*
  (Albert Einstein)

Ursachenforschung beim Thema Suchtmittelmissbrauch ist erfahrungsgemäß wenig hilfreich. Was in Probleme hineingeführt hat, hat logisch nichts mit der Frage zu tun, wie man wieder herauskommt. Erwartungen und Lösungsmöglichkeiten eindringlich zu kommunizieren, ist vermutlich hilfreicher, als zu ergründen, wie sich der Status quo ursprünglich einmal entwickelt hat. Gerade Suchtkranke halten ihre persönlichen Probleme oft für unlösbar. Fehlt der berühmte „Lichtstreif am Horizont", entsteht aus dem berühmt-berüchtigten „Leidensdruck" bei Suchtmittelmissbrauch häufig nur ein Suizidrisiko. Das Aufzeigen von Alternativen und ein gutes Hilfeangebot signalisieren Unterstützung am richtigen Punkt.

3.3 Entwicklungslinie 3: Beratungs- und Hilfesystem

Es hat sich bewährt, über die vorhandenen externen Beratungs- und Betreuungsangebote hinaus ein qualifiziertes betriebliches Hilfeangebot für Mitarbeiterinnen und Mitarbeiter mit Suchtmittelproblemen zu schaffen. Die vorhandenen Modelle reichen von Beratungsangeboten im Rahmen traditioneller betriebliche Sozialarbeit über breite Supervisionsangebote durch interne und externe Berater bis hin zur Bestellung nebenamtlicher Suchtkrankenhelfer. In einigen Betrieben werden die vorhandenen Angebote durch einen eigens eingestellten „Suchtbeauftragten" koordiniert, der über die Beratung von Einzelpersonen hinaus auch für die konzeptionelle Weiterentwicklung des Programms verantwortlich ist.

Im Folgenden werden die bestehenden Möglichkeiten mit ihren Vor- und Nachteilen beschrieben.

3.3.1 Professionelle Beratung: Standards und Empfehlungen

Die Qualität des ersten Beratungsgesprächs trägt bei Problemen im Umgang mit Alkohol und anderen Drogen maßgeblich dazu bei, ob die Bereitschaft zu einer umfassenden Behandlung gefördert wird. Im Dschungel der vorhandenen Angebote im Wohnbezirk oder der Region finden sich viele Mitarbeiterinnen und Mitarbeiter nicht zurecht. Manchmal ist es geradezu zufällig, an wen man „gerät". Der zuständige Hausarzt ist bisweilen nicht die richtige Adresse für fachliche Hilfe, vor allem dann nicht, wenn er – wie häufig bei Medikamentenabhängigen – in die Krankheitsentwicklung „verstrickt" ist.

Vorzüge einer professionellen innerbetrieblichen Beratung

– Das Unternehmen stellt durch dieses Angebot deutlich heraus, dass Mitarbeiter/innen mit persönlichen Problemen nicht alleingelassen werden.
– Vorgesetzte kennen das Angebot und können Mitarbeiter/innen gezielt auf die Beratungsmöglichkeit hinweisen.
– Die Berater können in engem Kontakt mit den betreffenden Mitarbeiter/innen unter Berücksichtigung seiner Arbeitssituation in therapeutische Einrichtungen vermitteln.
– Die Berater können die Reintegration maßgeblich unterstützen.
– Das Unternehmen kann durch die Auswahl und Weiterbildung der Berater, Evaluation und Qualitätssicherungsmaßnahmen auf die Qualität des Beratungsangebots Einfluss nehmen.

Professionelle Beratungsangebote lassen sich unterschiedlich organisieren. Eine Spezialisierung oder gar Begrenzung auf Suchtprobleme ist nicht ratsam. Vielmehr spricht alles dafür, das Beratungsangebot weiter zu fassen und allgemein auf psychosoziale Problemstellungen auszuweiten. Vorgesetzte werden von jeglicher „Diagnosestellung", die nicht zu ihrem Aufgabenbereich gehört, entlastet. Die Stigmatisierung, die Suchtproblemen anhaftet, wird gemindert. Probleme, die vordergründig nichts mit Sucht zu tun haben, die jedoch einen Suchthintergrund haben, können ebenso bearbeitet werden wie die vielfältigen psychosozialen Probleme, wie sie sich in der Nachsorge Suchtkranker herausstellen.

Professionelle Beratung nicht auf Sucht begrenzen

Weil Suchtprobleme auch bei offenen Angeboten einen immensen Stellenwert einnehmen, ist jedoch auch bei breiter angelegten Hilfeangeboten auf eine einschlägige suchtbezogene Qualifikation der Berater zu achten. Diese schließt eine Offenheit gegenüber neueren Entwicklungen in Beratung und Therapie ein: So erweist es sich als zunehmend sinnvoll, Beratungs- und Unterstützungsangebote zum Thema Missbrauch (gegenüber Abhängigkeit) auszuweiten (z. B. über Drink Less Training und ähnliche Angebote).

• *Ansiedelung der Beratung*

Ob die Berater fest angestellt werden oder auf externe Angebote zurückgegriffen wird, ist nicht nur von den verfügbaren Ressourcen abhängig. Manche Organisationen entscheiden sich bewusst für externe Personen, die, formal selbstständig, mit Raum und Sprechstunde im Betrieb präsent sind, weil diese Form den Klienten deutlich die Unabhängigkeit der Beratung signalisiert. Bei festangestellten Beratern sollte darauf geachtet werden, dass sie unabhängig von disziplinarisch tätigen Abteilungen arbeiten können. Eine Ansiedlung der Stelle in Linienfunktion direkt bei der Personalabteilung sollte daher vermieden werden. Es empfiehlt sich eine Konstruktion analog einer Stabsfunktion auf Ebene des Vorstandes oder der Personalleitung oder eine Integration in den betriebsärztlichen Dienst. Entscheidend bei der Ansiedlung ist die Frage, welche „Botschaft" damit im Hinblick auf Vertraulichkeit der Beratung und Status dieses Angebotes in der Organisation kommuniziert wird.

• *Schweigepflicht*

Diplomsozialarbeiter/innen mit staatlicher Anerkennung unterliegen gemäß § 203 Abs. Nr. 5 Strafgesetzbuch (StGB) ebenso wie Ärzte, Rechtsanwälte, Apotheker und Angehörige anderer genau bezeichneter Berufsgruppen einer besonderen Schweigepflicht. Diese personenbezogene Pflicht gilt für alle in § 203 StGB genannten Berufsgruppen, unabhängig davon, ob ihre Angehörigen im öffentlichen Dienst, bei Verbänden oder Industrieunternehmen beschäftigt sind. Während die Schweigepflicht von Betriebsärzten eindeutig gesetzlich geregelt ist (Gesetz über Betriebsärzte, Sicherheitsingenieure und andere Fachkräfte für Arbeitssicherheit), kommen Sozialarbeiter/innen in der betrieblichen Sozialgesetzgebung bisher nicht vor. Es empfiehlt sich daher zur expliziten Klärung, in einer Betriebs- oder Dienstvereinbarung den Aspekt der Schweigepflicht ausdrücklich hervorzuheben.

Die strikte Einhaltung der Schweigepflicht ist für den Aufbau von Vertrauen gegenüber der Beratungseinrichtung von zentraler Bedeutung. Das bedeutet, dass bei betrieblichen Konflikten um Alkoholprobleme im Einzelfall zwar Vorgesetzte und Kollegen die Sozialberatung informieren und

z. B. einen Kontakt zu dem betroffenen Mitarbeiter herstellen können. Umgekehrt können und sollen jedoch die Sozialberater/innen ihrerseits keine Information über Inhalt oder Fortgang der Beratung geben, ohne dass Klienten dies wissen und sich ausdrücklich damit einverstanden erklären.

Werden z. B. für arbeitsrechtliche Entscheidungen Hinweise aus der Beratung einzelner Klienten benötigt, so besteht die Möglichkeit, dass der Klient den Berater schriftlich von der Schweigepflicht entbindet.

- *Marketing*

Für betriebliche Sozialberatungsstellen ist ein gutes „Marketing" wichtig, weil der betrieblichen Sozialarbeit vielfach immer noch ein unangemessenes Image anhaftet, das sich in abfälligen Bezeichnungen wie „Sozialtante" o. Ä. ausdrückt. Bei der innerbetrieblichen Präsentation des Angebotes sollten daher die verfügbaren professionellen Ressourcen genutzt werden.

- *Klarheit über den Arbeitsauftrag*

Ein unklarer Arbeitsauftrag kann betriebliche Sozialberater/innen in erhebliche Schwierigkeiten bringen, weil einer solchen eher „betriebsfremden" Funktion erfahrungsgemäß von verschiedenen Seiten die unterschiedlichsten Bedürfnisse und Erwartungen entgegengebracht werden:
- Vorgesetzte, die den Konflikt mit auffälligen Mitarbeitern scheuen, hoffen, diesen bei dem Berater oder der Beraterin „abgeben" zu können. Ist der Betroffene erst einmal „in guten Händen", wird die notwendige Auseinandersetzung über Auffälligkeiten am Arbeitsplatz oft ausgesetzt. Ohne der Auseinandersetzung den notwendigen Nachdruck zu verleihen, erwarten Vorgesetzte dann häufig eine schnelle Lösung durch die Berater. Deren Einfluss ist jedoch gerade an diesem Punkt nicht gegeben: Sie können beraten, aber keinen Druck ausüben. Umgekehrt erweist es sich als fatal, wenn Vorgesetzte originäre Führungsaufgaben an die Sozialberatung delegieren.
- Von der Geschäftsführung oder Personalleitung werden häufig unausgesprochene oder ausgesprochene Erwartungen an die Beratung gerichtet, die diese in Rollenkonflikte bringen, weil sie letztlich Schwächen auf der Führungsseite ausgleichen sollen. Dies drückt sich z. B. in Forderungen aus, auf auffällige Mitarbeiter aktiv zuzugehen (Aufgabe der Vorgesetzten), auf die Einhaltung etwaiger betrieblicher Vereinbarungen zu achten (Aufgabe der Vorgesetzten und des Personalrats) oder Führungskräfteschulungen zu koordinieren (Aufgabe der Fortbildung) bzw. Führungskräfte dafür zu motivieren (Leitungsaufgabe). **Rollenkonflikte**
- Das Sicherheits- und Informationsbedürfnis von Vorgesetzten, die in einer Auseinandersetzung mit hilfsbedürftigen Mitarbeitern stehen, führt zu dem Versuch, Informationen über den Fortgang der Beratung zu erhalten.

Das Beharren der Berater auf ihrer Schweigeverpflichtung stößt hier häufig auf völliges Unverständnis.

Standards für eine professionelle betriebliche Sozial- und Suchtberatung sind:
- einschlägige professionelle Qualifikation der Berater/innen, mit Zusatzqualifikation im psychosozialen Bereich
- Gewährleistung von Fortbildung und Supervision
- eigenes Sprechzimmer mit Telefon und Sekretariatskapazität
- Möglichkeiten zum fachlichen Austausch
- internes Marketing für das Dienstleistungsprodukt

Empfehlungen: Professionelle Beratung

Eine klare Aufgaben- und Stellenbeschreibung der Sucht- bzw. Sozialberatung und deren Kommunikation in das Unternehmen ist wünschenswert. Dabei empfiehlt es sich, folgende Gesichtspunkte zu beachten:
- Die Berater/innen, ganz gleich welche Organisationsform für die Beratung gewählt wird, sind in erster Linie für die persönliche Beratung einzelner Mitarbeiterinnen und Mitarbeiter (auch Führungskräften) da, die sich mit Konflikten und psychosozialen Problemen an sie wenden. Dies schließt die Beratung im Hinblick auf einzuleitende therapeutische Maßnahmen, die Unterstützung und Begleitung dieser Maßnahmen und die Nachsorge bzw. Unterstützung bei der Reintegration ein.
- Die Arbeit sollte sich auf Clearing- und Beratungsleistungen beschränken, eine intensive therapeutische Betreuung ist im Betrieb nicht sinnvoll.
- Die Beratung von Vorgesetzten und deren Mitarbeitern in ein und demselben Konflikt ist mindestens mental zu trennen. Bei Beratung des „Systems" Vorgesetze – Mitarbeiter sollte der Berater die intensive Betreuung des Mitarbeiters ausgliedern.
- Im Interesse der Akzeptanz des Beratungsangebots und des Aufbaus einer vertrauensvollen Beziehung zu den Mitarbeitern sind alle Maßnahmen zu vermeiden, die den Eindruck erwecken, die Sozialberatung sei an disziplinarischen oder personellen Entscheidungen beteiligt. Dies gilt u. a. auch für die Einbeziehung in Disziplinarmaßnahmen z. B. im Rahmen eines Stufenplans bei suchtmittelbedingten Auffälligkeiten.
- Die Schweigeverpflichtung des Beraters/der Beraterin nach § 203 StGB ist zu beachten und durch eine betriebliche Regelung zu verdeutlichen. Wenn für eine betriebliche Entscheidung im Einzelfall eine Empfehlung oder Stellungnahme der Berater benötigt wird, muss der Klient/ die Klientin diese schriftlich von der Schweigepflicht entbinden.

3.3.2 Kollegiale Beratung durch „Suchtkrankenhelfer": Standards und Empfehlungen

Rolle und Funktion nebenamtlicher Suchtkrankenhelfer

Auf der Grundlage der immensen Erfolge der Selbsthilfebewegung und dem immer größer werdenden Bedarf an Gesprächs- und Betreuungsangeboten für Mitarbeiterinnen und Mitarbeiter mit Suchtproblemen haben sich viele Betriebe entschieden, Betriebsangehörige zu benennen, die auf kollegialer Ebene als Ansprechpartner/in zur Verfügung stehen und diese für ihre Aufgabe zu qualifizieren.

Die für die professionelle Beratung benannten Problempunkte und mangelnde Klarheit des Arbeitsauftrages gelten für die Suchtkrankenhelfer/innen in fast noch stärkerem Ausmaß. Während hauptberufliche Suchtberater und -therapeuten sich wenigstens teilweise an den Qualifikationsstandards und gesetzlichen Regelungen über ihre Berufsgruppe orientieren können, ist der Status der Nebenamtlichen nahezu ungeklärt. Neben versicherungsrechtlichen Problemen fehlten vor allem klare Richtlinien über Aufgabenstellung und Qualifikation. Im Folgenden werden einige Hinweise zu Aufgabenstellung, Regelungsbedarf und auch zur Begrenzung dieser Funktion gegeben. **Wegweiserfunktion der Nebenamtlichen**

Suchtkrankenhelfer/innen haben in erster Linie *Wegweiserfunktion*. Ihre Aufgabe besteht darin, Mitarbeitern Informationen über Suchtprobleme und entsprechende Beratungsmöglichkeiten zu geben, Ängste vor etwaigen therapeutischen Maßnahmen zu mindern, Erfahrungen weiterzugeben, den Kontakt zu professionellen Beratungseinrichtungen zu vermitteln und zu erleichtern und im Sinne einer „Patenschaft" bestimmte Betreuungsaufgaben zu übernehmen. Hierunter fällt auch ein kollegialer Kontakt während der Therapie und in der Nachsorge.

Diese Aufgabenstellung beinhaltet eine klare *Abgrenzung zu professionellen Beratungsangeboten*. Suchtkrankenhelfer/innen sind keine Laientherapeuten und sollten auch nicht motiviert werden, in dieser Richtung tätig zu werden. Unabhängig von der persönlichen Kompetenz im Einzelfall sind Suchtkrankenhelfer/innen nicht qualifiziert, therapeutisch tätig zu werden, Diagnosen zu stellen oder über adäquate Behandlungsmöglichkeiten zu befinden. **Unterschiede betonen**

Dieser Tatbestand wirft in Betrieben dann Probleme auf, wenn etwa
– Suchtkrankenhelfer/innen ausgebildet werden, um einen professionellen Berater einzusparen
– Suchtkrankenhelfer/innen in Konkurrenz zu später eingestellten professionellen Beratern geraten
– Suchtkrankenhelfer/innen ausgewählt werden, die auf Grund persönlicher Motive am liebsten professionell therapeutisch arbeiten würden

- übersteigerte Erwartungen an die Leistung von Suchtkrankenhelfern formuliert werden
- Suchtkrankenhelfer/innen beauftragt werden, Vorgesetzte zu beraten oder zu schulen
- der Arbeitsauftrag unklar und zweideutig bleibt und weitgehend von den Suchtkrankenhelfern selbst definiert wird

Hinzu kommt wie bereits beschrieben, dass Suchtkrankenhelfer/innen und auch professionelle Suchtberater/innen Schwächen in der Führung nicht ausgleichen können: Ihr Einsatz ist nur sinnvoll, wenn auch auf der Führungsebene Maßnahmen ergriffen werden, die sicherstellen, dass alkoholauffällige Mitarbeiterinnen und Mitarbeiter entsprechend angesprochen werden.

Wer sollte Suchtkrankenhelfer/in werden?

Erfahrung nutzen

In der Praxis bilden sich die Aufgaben der Suchtkrankenhilfe auf Grund unklarer Erwartungen häufig „naturwüchsig" heraus. Oft sprechen Betriebe für diese Funktion trockene Alkoholiker oder Angehörige von Suchtkranken an. Dies gilt besonders in den ersten Phasen der Implementierung der Programme, in denen – etwa bedingt durch tragische Einzelfälle – schnelle und unbürokratische Hilfen gesucht werden und die Angebote eines interessierten Personenkreises, ein begrenztes Problemmanagement zu leisten, dankbar aufgegriffen werden. Trockene Alkoholiker/innen beispielsweise verfügen über eine hohe Glaubwürdigkeit und sind als „lebende Beispiele" Modelle erfolgreicher Problembewältigung. Sie sind ebenso wie Angehörige von Suchtkranken allerdings nicht alle gleichermaßen in der Lage, sich von der eigenen Problematik zu distanzieren und sich in die Probleme anderer zu versetzen. Auch qualifiziert ihre Suchtkrankheit allein sie in keiner Weise, etwa Führungskräfte zu beraten oder zu schulen.

Betrieblichen Auftrag beachten

Im Gegensatz zu einer ehrenamtlichen Tätigkeit im Bereich der Selbsthilfegruppen und Abstinenzverbände sind an die Tätigkeit nebenamtlicher betrieblicher Suchtkrankenhelfer/innen strengere Auswahlmaßstäbe zu richten. Nicht immer sind Personen mit dem dringenden Bedürfnis „anderen zu helfen" auch hierfür geeignet (Rainer, 1993a). Auch wenn es sich hier um eine nicht professionelle Tätigkeit handelt, müssen Mindestkriterien erfüllt sein, da für ratsuchende Mitarbeiterinnen und Mitarbeiter das erfolgreiche Zustandekommens eines Beratungskontaktes unter Umständen von erheblicher Relevanz für den Fortbestand des Arbeitsverhältnisses sein kann. Die Einbeziehung erfahrender Ausbildungsträger bei der Auswahl ist hilfreich.

Eignungskriterien
– Soziales Engagement – Ein reflektierter und verarbeiteter persönlicher Bezug zum Thema Sucht – Akzeptanz und Achtung im Kollegenkreis und bei Führungskräften – Kommunikative Kompetenzen – Fähigkeit zur Zusammenarbeit mit Fachleuten – Bereitschaft zur Selbstreflexion – Fähigkeit zur persönlichen Abgrenzung und Verschwiegenheit – Bei Suchtkranken mindestens zwei- bis dreijährige Abstinenz

Qualifizierung

Neben den vielfältigen Qualifizierungsangeboten für psychosoziale Berufsgruppen im Umgang mit Suchtproblemen finden sich in der Bundesrepublik Deutschland inzwischen auch etliche Anbieter von berufsbegleitenden Qualifizierungsmaßnahmen für diese Zielgruppe. Weitgehend übereinstimmendes Ziel dieser Angebote ist es, die Suchtkrankenhelfer/innen

– über Suchtmittel und deren Wirkung zu informieren
– Kenntnisse über Symptome, Verlauf und Formen von Suchterkrankungen zu vermitteln
– Behandlungsmöglichkeiten und Ansätze vorzustellen
– zum Durchdenken persönlicher Motive und innerer Ziele für die Helfertätigkeit anzuregen
– die kommunikativen Kompetenzen der Helfer/innen zu verbessern
– ihre Fähigkeiten zur internen und externen Kooperation zu erweitern

Allerdings finden sich in den Angeboten große Unterschiede hinsichtlich einer notwendigen Orientierung über betriebliche Präventionsprogramme, deren Einbettung im Kontext betrieblicher Gesundheitsförderung und Organisationsentwicklung sowie einer Klärung der eigenen Rolle und Funktion. Bei der Auswahl geeigneter Kursangebote sollte darauf geachtet werden, dass die inzwischen anerkannten zeitlichen Mindeststandards von 120 bis 140 Ausbildungsstunden sowie einer zusätzlichen einwöchigen Hospitation in einer Fachklinik nicht unterschritten werden. In klarer Abgrenzung zu einer nebenamtlichen Helfertätigkeit im Rahmen der Selbsthilfegruppen oder Abstinenzverbände sollte der Ausbildungsanbieter über ein eindeutiges Profil im Bereich betrieblicher Suchtprävention verfügen.

Mindeststandards bei Qualifizierung

– Nebenamtliche Suchtkrankenhelfer/innen ersetzen nicht die professionelle Beratung. In aller Regel brauchen sie fachliche Anleitung durch eine interne oder externe professionelle Kraft. Bewährt hat sich ein „Patenmodell", bei dem zentrale Beratungsleistungen professionell abgedeckt werden und die Suchtkrankenhelfer/innen nach Absprache mit der Fachkraft persönliche Betreuungsfunktionen übernehmen.

– Der Arbeitsauftrag und die Einsatzbedingungen müssen geklärt und in einer betrieblichen Vereinbarung festgehalten werden. Zeiten des Einsatzes und der Schulung der Suchtkrankenhelfer/innen gelten als Arbeitszeit. Die Mehrarbeit wird durch Freizeitausgleich ausgeglichen. Nachteile aus dieser Tätigkeit dürfen nicht entstehen.

– Die Auswahl der Suchtkrankenhelfer/innen für eine entsprechende Qualifizierungsmaßnahme erfolgt durch die Personalabteilung in Zusammenarbeit mit dem Betriebs- bzw. Personalrat. Es empfiehlt sich der Einbezug einschlägig qualifizierter externer professioneller Beratung. Die Suchtkrankenhelfer/innen können ihr Amt ohne Nachteile jederzeit niederlegen, aber auch abberufen werden, wenn fachliche Einwände oder bei ehemaligen Suchtmittelabhängigen ein Rückfall gegen ihren weiteren Einsatz sprechen.

– Die direkten Vorgesetzten der Suchtkrankenhelfer/innen müssen den Einsatz mittragen. Sie sind deshalb im Vorfeld zu informieren und einzubeziehen.

– Das Schweigerecht der Suchtkrankenhelfer/innen gegenüber Dritten, die juristisch nicht ausreichend abgedeckt ist, muss betrieblich festgelegt werden.

– In vielen Betriebsorganisationen haben das positive Beispiel und private Initiativen einiger trockener Alkoholiker/innen wesentlich zu einer Enttabuisierung der Problematik beigetragen. Bei einer Übertragung der Suchtkrankenhelfertätigkeit ist jedoch darauf zu achten, dass allen Beteiligten deutlich wird, dass es sich hier um eine im Auftrag des Unternehmens ausgeführte nebenamtliche Tätigkeit handelt.

3.3.3 Philosophie: Der Unterschied, der einen Unterschied macht

Eine gute Zusammenarbeit zwischen Vorgesetzten und Beratern, zwischen professionellen und nebenamtlichen Fachkräften, aber auch zwischen internen und externen Beratern lebt davon, dass Unterschiede gemacht und konstruktiv genutzt werden.

Vorgesetzte intervenieren aktiv, Berater arbeiten mit dem Auftrag, den sie bekommen. Berater stehen gegenüber Vorgesetzten unter Schweigepflicht, umgekehrt gilt dies nicht. Verhalten sich Berater und Vorgesetzte gleich und unterschiedslos (z. B: nach dem Motto „Wir haben einen gemeinsamen Fall"), ist eine Öffnung des Mitarbeiters unwahrscheinlich.

Im Unterschied zu professionellen Beratern können kollegiale Ansprechpartner gerade mit ihrem „Laienstatus" offensiv auftreten. In vielen Betrieben geraten Professionelle und Nebenamtliche in eine ungute Konkurrenz, wenn ihr Angebot zu ähnlich ist. „Arbeitsteilung" nach dem Motto: Die Nebenamtlichen „machen Sucht", die Professionellen den Rest, oder absurde Situationen (wie z. B. das Ansinnen an die Professionellen, „Fälle abzugeben") sind Ausdruck dieser Situation.

Ungute Konkurrenz

Eine sehr offensive Strategie, den Unterschied zu betonen, besteht darin, auf eine Vorabqualifizierung der Nebenamtlichen vollständig zu verzichten und sie stattdessen in ihrer Arbeit begleitend extern zu unterstützen (Referenzprojekte bei den Autoren). Bei dieser Strategie wird konsequent auf den Unterschied gesetzt – dadurch können die Nebenamtlichen ein eigenes kollegiales Profil aufbauen:

Unterschiede kennen und bewusst nutzen

- der Verzicht auf ein Beratungssetting (Zimmer, Telefon, …) lässt die Illusion professioneller Betreuung gar nicht erst aufkommen
- die Arbeit „zwischen" den formalen Situationen (in der Kantine, am Arbeitsplatz, im Grenzbereich Arbeit-Freizeit) wird aufgewertet
- die Möglichkeit zum Grenzgängertum in diesem Sinn wird voll genutzt
- es wird offensiv vertreten, dass Laien keine Kunstfehler machen können: Sie können sehr unkonventionell arbeiten
- der Phantasie und Kreativität werden kaum Grenzen gesetzt

Ein solcher Arbeitsansatz erfordert auf Seiten der kollegialen Berater ein gewisses „Standing", denn sie können sich nicht auf eine formale Rolle zurückziehen: Ihr „Unique Selling Point" besteht aus nichts anderem als ihrer Person, ihrer Erfahrung und Individualität. Damit wird ihre Arbeit wieder selbsthilfenäher und stellt eine ausgesprochen sinnvolle Ergänzung zu professionellen Beratungsangeboten dar. Die kollegiale nebenamtliche Suchthilfe lebt von der Freiheit, auch davon, dass ein Laie keine „Kunstfehler" machen kann.

3.4 Steuerung: Erfolgsbedingungen der Programmimplementierung

All companies are unique. Don Sandin (Pionier der professionellen Anbieter von Employee Assistance Programmen in den U.S.A.)

Eine nähere Betrachtung bundesdeutscher Suchtpräventionsprogramme zeigt neben den weitgehend gemeinsamen Ansatzpunkten in der Praxis der Durchführung erhebliche betriebliche Unterschiede. Die verschiedenen Maßnahmen müssen zur jeweiligen Unternehmenskultur „passen".

3.4.1 Langfristige Perspektive: Prozess statt Programm

In einer Alkoholkultur ist betriebliche Alkoholprävention eine Daueraufgabe. Die Erfahrung mit erfolgreichen Programmen zeigt, dass es oft mehrjähriger Aktivitäten bedarf, bis sich die Maßnahmen stabilisieren und gut in die betrieblichen Abläufe integriert sind.

Programm-implementie-rungen verlaufen als „Veränderungs-kurve" Der anfänglichen Tabuisierung des Problems folgt eine Phase der Duldung, in der einzelne „Aktive", oft ausgehend von dramatischen Einzelfällen, das Thema in die Hand nehmen. Das Thema wird aber noch nicht als Problem der Organisation gesehen. Durch hartnäckiges Agieren der „Einzelkämpfer" kommt es zu einer Labilisierung des bisherigen Umgangs mit dem Thema und zu ersten Entscheidungen für programmatische Maßnahmen z. B. in Form von Hilfeangeboten oder Führungskräftetrainings. Häufig entsteht in dieser Phase eine gewisse Euphorie, der nach anfänglichen Erfolgen aber eine Ernüchterung folgt, weil deutlich wird, dass die vorhandenen Suchtprobleme und besonders die Schwierigkeiten der Bewältigung in engem Zusammenhang mit dem Zustand der Betriebsorganisation stehen. An dieser Stelle entscheidet sich, ob die Aktivitäten ein „Strohfeuer" bleiben oder ob es gelingt, einen langfristigen Prozess anzustoßen. Geschieht dies, wird den „Pionieren" eine schwierige Leistung abgefordert, denn ihre Rolle im Rahmen der Maßnahmen verändert sich, wird u. U. sogar beschnitten. Gelingt es, die Aktivitäten zu stabilisieren, können Prozesse routinisiert werden und die Maßnahmen werden zunehmend integraler Bestandteil der Organisationskultur und unabhängig von den Leistungen einzelner Personen.

Bis dieses Stadium erreicht ist und eine Integration auch in andere Maßnahmen der Personalentwicklung, Führungskultur und Gesundheitsförderung erfolgt, müssen jedoch einzelne Handlungsträger langfristig „am Ball" bleiben und die Thematik immer wieder aktiv aufgreifen.

3.4.2 Wer definiert das Problem?

Je nachdem, wer wann die betriebliche Aufgabe der Alkoholprävention definiert, werden „unbesetzte" Handlungsfelder unterschiedlich gefüllt.

Nach den vorliegenden Erfahrungen ist eine breit getragene Entscheidung erforderlich, wenn sichergestellt werden soll, dass das Thema Verankerung in der Organisation findet und zu den beschriebenen Entwicklungen auf der Führungsebene führt. Bleibt die Problemdefinition dagegen interessierten Einzelpersonen, Sozialbetreuern oder Helfern überlassen, besteht die Gefahr, dass das Problem vorrangig als Sozial- und Gesundheitsproblem (zahlenmäßig durchaus vieler) Einzelner betrachtet wird und keine Verankerung in der Organisation findet.

3.4.3 Innerbetriebliche Entscheidungs- und Konsensfindung

Trotz der Verbreitung von Alkohol- und Suchtmittelmissbrauch ist Alkohol kein betriebliches „Top-Thema". Die Programme kommen immer „ungelegen". Doch gut integrierte Präventionsprogramme bieten weitaus mehr als „nur" ein Hilfeangebot für gefährdete oder abhängige Mitarbeiter/innen. Die Alkoholkultur, der Umgang oder Nichtumgang mit Auffälligkeiten führt schnell zu Grundproblemen der jeweiligen Unternehmenskultur – man stößt bei der Programmimplementierung sehr schnell auf alle „offene Wunden" der Führung, Kommunikation und Zusammenarbeit.

Alkoholprävention ist vor allem zu Beginn der Programme in aller Regel kein Konsens-Thema, birgt deshalb aber wie kaum ein anderes Arbeitsfeld Chancen, zu gemeinsam getragenen Entscheidungen zwischen Arbeitgeber- und Arbeitnehmervertretern zu kommen. Eine Auseinandersetzung mit betrieblichen Problemindikatoren (z. B. Fehlzeiten, zu geringe Auseinandersetzungskultur, Führungs- und Personalentwicklungsprobleme) ist dabei eine gute Voraussetzung für eine breiter getragene unternehmerische Entscheidung, sich mit dem Thema Alkoholprävention zu befassen, entsprechende Ziele zu entwickeln und Ressourcen bereitzustellen. Eine Entscheidung der Unternehmensleitung bedarf häufig der Vorarbeit auf vielen Ebenen, die maßgeblich von engagierten Einzelpersonen getragen wird. Sie ist erforderlich, wenn eine Beschäftigung mit der Thematik Spuren in der Organisation hinterlassen soll.

Problemindikatoren ernst nehmen

Diese Konsensbildung mit der Mitarbeitervertretung ist eine wesentliche Grundlage für den Erfolg betrieblicher Programme. Der Mitarbeitervertretung kommt nicht nur beim Abschluss von Betriebs- oder Dienstvereinbarungen eine zentrale Rolle zu. Unabhängig von der rechtlichen Form müssen in allen Programmen „Spielregeln", Rahmenbedingungen zwischen Unternehmensleitung und Mitbestimmungsgremien, ausgehandelt werden, die nicht nur etwaige arbeitsrechtliche Sanktionen bei Alkoholmissbrauch im Rahmen eines Stufenplans betreffen, sondern auch den Ausbau des innerbetrieblichen Hilfesystems, Qualifikationsmaßnahmen für unterschiedliche Funktionsträger sowie primärpräventive Maßnahmen und eine Einbettung in das umfassendere Anliegen der betrieblichen Gesundheitsförderung.

Konsens mit der Mitarbeitervertretung

Eine frühzeitige Einbeziehung in die Planung der Maßnahmen und eine entsprechende gezielte Weiterbildung der Mitarbeitervertretung hilft sicherzustellen, dass ein konsensfähiges Programm entwickelt wird und vereinbarte Spielregeln nicht auf dem Rücken betroffener Mitarbeiter/innen im Einzelfall unterlaufen werden. Solange dieser Konsens nicht zwischen Arbeitgeberseite und Mitarbeitervertretung und auch innerhalb der Mitbestimmungsgremien hergestellt wird, finden suchtkranke Mitarbeiter in einzelnen Betriebs- und Personalräten immer wieder (u. U. trinkfeste) Verbündete, die sich mit ihnen gegen aktive Vorgesetzte wenden.

Die Erfahrungen in vielen Unternehmen haben gezeigt, dass bei einem frühzeitigen Einbezug der Mitbestimmungsgremien ein Suchtpräventionsprogramm gleichzeitig ein Modellfall für konstruktive problemlösungsbezogene Zusammenarbeit unterschiedlicher Interessensgruppen darstellen kann.

3.4.4 Bereitstellung von Ressourcen

Qualifizierte Alkohol- und Drogenpräventionsprogramme, die mit entsprechenden Beratungsleistungen verbunden sind, kosten Geld. Die Ernsthaftigkeit, mit der das Thema als Problem der Organisation angegangen wird, zeigt sich unter anderem an einer entsprechenden Investitionsbereitschaft und dem Verzicht auf schnelle, kurzfristig scheinbar „billige" Lösungen.

Nach einer Grundsatzentscheidung über Ziele und Maßnahmen eines betrieblichen Suchtpräventionsprogrammes ist eine Budgetierung und Kontrolle analog sonstiger Projektabwicklungen sicherzustellen.

Gerade die Bereitstellung von Ressourcen ist zwischen Arbeitgebern und Arbeitnehmervertretungen oftmals verhandlungsbedürftig und wird leider als Gegenstand von Betriebs- und Dienstvereinbarung zu Gunsten einer Ausführung über geltendes Recht in Form von Stufenplänen oft sträflich vernachlässigt.

3.4.5 Steuerung und Begleitung

Die Verantwortung für die Organisation von Maßnahmen in den Entwicklungsfeldern Primärprävention, Führung und Kommunikation sowie Hilfeangebote ist eine Leitungsaufgabe. Sie kann an entsprechende Funktionsträger delegiert werden, nicht jedoch an Fortbildungseinrichtungen oder eigens eingestellte „Suchtbeauftragte" mit unklaren Kompetenzen.

Strukturell wirksame Maßnahmen erfordern Entscheidungen auf Leitungsebene und klare Verantwortlichkeiten. Dazu bietet sich die Einrichtung einer kleinen Steuerungsgruppe an, die mit Entscheidungsträgern besetzt ist und in regelmäßigen Abständen über die Konkretisierung von Zielen, entsprechenden Maßnahmen und Erfolgskontrollen befindet.

3.4.6 Schriftliche Vereinbarungen

In der Fachdiskussion werden Betriebs- und Dienstvereinbarungen als zentraler Bestandteil betrieblicher Präventionsprogramme angesehen. Häufig werden in der Praxis jedoch Vereinbarungen „abgeschrieben", ungeachtet ihrer Praktikabilität in der jeweiligen Organisation. Den meisten vorliegenden Vereinbarungen auf einem entwickelteren Niveau ist gemeinsam, dass sie mehr oder weniger differenzierte Regelungen darüber enthalten, wie Vorgesetzte bei Alkoholproblemen intervenieren sollen. In Stufenplänen wird versucht, die bereits beschriebene Strategie konstruktiver Intervention zu beschreiben und in praktikable Teilschritte zu übersetzen. Die Regelungen hierzu sind von unterschiedlicher Qualität und werden zum Teil nicht einmal geltendem Arbeitsrecht gerecht. In aller Regel fehlen Ausführungen zu den beiden Entwicklungslinien Primärprävention und Hilfeangebot bzw. zu den notwendigen Begleitmaßnahmen.

Betriebs- und Dienstvereinbarungen zum Thema Alkoholprävention sind ein sinnvolles Instrument zur Abstimmung von Verfahrensregelungen, aber kein Muss. Entscheidend sind der faktische Konsens und die Tatsache, ob sie sich als geeignet erweisen, entsprechende Diskussionen und Verständnisprozesse zu fördern. Der Prozess der schriftlichen Fixierung „zwingt" die beteiligten Verhandlungspartner, sich in zentralen Bereichen zu verständigen. So gesehen ist eine Dienst- oder Betriebsvereinbarung kein Garant für die Verankerung des Themas in der Betriebsorganisation, aber ein wichtiges Instrument zur Beeinflussung der innerbetrieblichen Kultur und zur Auseinandersetzung mit dem Thema. Vorhandene Regelungen sollten dabei turnusmäßiger Überprüfung und Verbesserung unterzogen werden.

Betriebs- und Dienstvereinbarungen

Die Qualität einer Vereinbarung bemisst sich an dem Ausmaß, in dem verhandlungsbedürftige Ressourcen Eingang finden. Stufenpläne allein sind eine Betriebsvereinbarung nicht wert, sie repräsentieren lediglich geltendes Recht. Sinnvoll sind dagegen Vereinbarungen zum Hilfesystem, zu regelmäßigen Schulungen und Aufklärungsaktionen und zu anderen Maßnahmen, die einen betrieblichen Konsens und eine Investition erfordern – auch perspektivisch im Sinne der Qualitätskriterien eines erweiterten Arbeitsschutzes (Wienemann, 2002).

3.4.7 Glaubwürdigkeit und Integration in die Unternehmensphilosophie

Die Glaubwürdigkeit betrieblicher Präventionsprogramme erweist sich an den konfliktbesetzten und heiklen Handlungsfeldern und wächst mit den Jahren erfolgreich betriebener Prävention und Hilfe.

– Signalisieren betriebliche Entscheidungsträger durch ihr Verhalten, dass sie das Thema ernstnehmen?

– Wird der Alkoholkonsum in den oberen Führungsebenen ernsthaft überdacht und verändert?

– Werden von Führungskräften begonnene Auseinandersetzungen konstruktiv weitergeführt oder kommt es im Stadium der Einschaltung etwa des Personalbereichs zu keinen oder unberechenbaren Konsequenzen?

– Werden Führungskräfte, die sich an das schwierige Thema Alkoholauffälligkeiten heranwagen, in ihren Bemühungen unterstützt, auch wenn sich keine schnellen Erfolge einstellen?

– Werden Fehler als Lern- und Entwicklungschance verstanden?

– Werden Alkoholauffälligkeiten oder andere Suchtprobleme auch bei Führungskräften aktiv angegangen?

– Wird die Schweigepflicht etwaiger Beratungseinrichtungen respektiert?

– Werden Strukturen geschaffen, die das Programm langfristig unabhängig vom Engagement Einzelner machen?

4 Besondere Aktionen und Situationen

4.1 Kampagnen zur Senkung des Konsumniveaus

Kampagnen haben zum Ziel, Information rasch, nachhaltig und mit hoher Breitenwirkung zu kommunizieren. Beispiele sind die WHO-Kampagnen zum Thema Punktnüchternheit oder Aktionswochen zum Thema Sucht, wie sie in vielen Unternehmen immer wieder durchgeführt werden.

Bei Kampagnen empfiehlt sich ein klarer Fokus, eine klare Zeitbegrenzung und ein Kulminationspunkt (z. B. Aktionstag, Großveranstaltung), in dem die Aktivitäten zusammengefasst und gebündelt werden. Eine Kampagne ist grundsätzlich nach außen gerichtet: Externe „marketingorientierte" Begleitung des „Auftritts" ist empfehlenswert.

Kampagnen haben einen einmaligen Charakter und sind besonders wirksam im Zusammenhang mit guter Zielkommunikation (z. B. Punktnüchternheit). Sie gliedern sich oft ein in betriebsübergreifende Aktivitäten, die im politischen Bereich als Maßnahmen zur Gesundheitspolitik gestartet wurden.

4.2 Projekte: Die Balance von Besonderem und Alltäglichem wahren

Die Anschub- und Motivationsfunktion von Projekten

Projekte eignen sich in besonderem Maße, Themen mit einem hohen Attraktivitätsniveau einzuführen und über diesen Weg eine Anschubfunktion zu erzielen. In der Praxis liegen viele attraktive Projektideen zum Thema betriebliche Suchtarbeit insbesondere mit Auszubildenden vor:
– Erstellung von Videofilmen
– Ausstellungen mit Collagen, Graffitis, Comics, Multimediaparcours
– Theater
– Aktionstage mit dem Fahrsimulator
– Lernprojekte z. B.: zu Geld/Konsum
– Kunst und Kulturprojekte
– Wettbewerb
– Erstellung von Broschüren
– Erstellung von Intranetinfos zum Thema

Die wesentliche Funktion projektorientierter Arbeit zum Thema Suchtprävention liegt nicht in der Vermittlung neuer Information, sondern in einer punktuellen, situativen Öffnung für die Thematik – und damit in der Stiftung einer veränderten Gesprächskultur. Zugleich werden Erfahrungen begrifflich auf den Punkt gebracht und geankert (vgl. z. B. Huse 1992 zur Nachwirkung des Mottos „Über alle Maßen" auf andere Inhaltsbereiche des Schulalltags). Um diesen Effekt wirklich zu nutzen, muss der Prozess der Erarbeitung Vorrang vor der Ergebnispräsentation erhalten – gleichzeitig ist die Ergebnispräsentation jedoch wichtig, um einen entsprechenden Prozess zu erzeugen und wertzuschätzen. Diese Balance zu halten ist Hauptaufgabe der Projektbegleiter (Institut für Betriebliche Suchtprävention Berlin e. V. 1999).

Projekte öffnen für die Thematik

Entscheidend: Die Verankerung im (Arbeits-)Alltag

Projektorientiertes Arbeiten läuft leicht Gefahr, zum „Tropfen auf den heißen Stein" oder zum Alibi zu geraten, wenn die Haltungen, Arbeitsansätze usw. nicht im Alltag verankert werden können. Positive Langzeiteffekte von Projekten können als „Weichenstellung" beschrieben werden, die eine sich selbst verstärkende positive Dynamik in Gang setzen.

Projektergebnisse verankern

Wichtig ist dabei die Bereitschaft, nicht nur auf messbaren Erfolg des Projektes selbst hinzuarbeiten, sondern die – häufig eher unsichtbare – Verankerung neuer Kulturaspekte und Kooperationsbeziehungen in den Vordergrund zu stellen. Dies kann forciert werden, wenn die Projektprodukte Eingang in die betriebliche Kultur finden (z. B.: Intranetprogramme, Broschüren usw.) und zu allseits akzeptierten – neuen – Spielregeln führen.

Wird die Projektaktivität in der Betriebsöffentlichkeit zur Kenntnis genommen und honoriert, fördert dies die Identifikation mit den Projektinhalten.

Suchtprävention sollte jedoch nicht allein projektorientierten Charakter haben – schon gar nicht dort, wo Projekte am ehesten initiiert werden: Im Ausbildungsbereich. Vielmehr erscheint es geradezu geboten, bestimmte Facetten der Thematik als normale, alltägliche Selbstverständlichkeit zu vermitteln bzw. als eher handwerklichen Anspruch an Führungsarbeit zu etablieren. Dazu gehören besonders
- die oben beschriebenen Spielregeln bezogen auf den Umgang mit Suchtstoffen im betrieblichen Kontext
- die Anforderungen an Führungskräfte bzw. Ausbilder hinsichtlich ihres Führungsverhaltens gegenüber Mitarbeitern

4.3 Krankenhäuser und Pflegeheime: Rollen klären

In Krankenhäusern, Pflegeheimen und anderen sozialen Einrichtungen bestehen einige Besonderheiten, die bei Alkohol- und Präventionsprogrammen Beachtung finden sollten (vgl. Rummel & Bellabarba, 1998). Drei Aspekte sind besonders hervorzuheben:

Helfern ist schwer zu helfen Menschen in helfenden Berufen brauchen Berater, die ihnen fachlich und menschlich nicht weniger qualifiziert erscheinen als sie selbst es sind. Besonders Ärzte, aber auch Sozialpädagogen und Psychologen sind besonderen Risikofaktoren ausgesetzt, was psychosoziale Probleme anbelangt, gleichzeitig ist ihnen „schwerer zu helfen". Bei der Besetzung entsprechender Stellen ist es sinnvoll, dies zu beachten. Besonders in Krankenhausbetrieben ist es u. U. ratsam, für Ärzte eigene Maßnahmen anzubieten. Ärzte mit Alkohol- und Drogenproblemen lösen in ihrem Umfeld andere Reaktionen aus als dies in anderen sicherheitskritischen Bereichen der Fall ist. Entsprechend sensibel reagieren sie auf Präventionsaktivitäten und Qualifizierungsangebote. Eine präzise Rollenklärung und eindeutige Zuordnung von Aktivitäten – wie z. B. die Trennung von Führungs- und Beratungsgesprächen – ist hier ganz besonders wichtig. Ein Arzt etwa, der einen unterstellten Mitarbeiter auf seinen Alkoholkonsum hin anspricht, **Bewusstsein über die Führungsrolle** muss sich darüber bewusst sein, dass er damit ein Mitarbeitergespräch durchführt – und keine Anamnese. Er handelt in diesem Moment als Führungskraft und nicht als Arzt.

Zu beachten ist ferner, dass Menschen in helfenden Berufen bisweilen dazu neigen, sich emotional zu verstricken. Es wird immer wieder diskutiert, dass sog. „coabhängige" Muster in diesen Berufsgruppen wahrscheinlich, wenn nicht sogar typisch sind. Angehörigenprobleme treten entsprechend tendenziell in höherem Ausmaß auf (ebd.).

Viele Betriebe versuchen aus Kostengründen, Sozialarbeiter oder Psychologen, die für das Klientensystem zuständig sind, auch für Mitarbeiter mit psychosozialen Problemen zu nutzen. Dies ist kritisch zu beurteilen, wenn die Anforderungen über reine Serviceleistungen (Adressen weitergeben) oder kollegiale gegenseitige Qualifizierung hinausgehen. Die Beratungspersonen kommen dadurch in unklare Rollen gegenüber ihren Kollegen. Ähnlich problematisch wäre etwa ein Alkoholentzug eines Mitarbeiters in seiner eigenen Klinik einzuschätzen.

4.4 Sicherheitskritische Betriebe: Der Aspekt der Qualitätssicherung

In sicherheitskritischen Organisationen und Bereichen (Fahrbetriebe und Fahrdienste, Bereiche, in denen mit Gefahrstoffen oder Schusswaffen umgegangen wird) wird in der Regel ein absolutes Alkoholverbot ausgesprochen. Entsprechend stark ist die Tabuisierung vorhandener Probleme. Entscheidend in diesen Bereichen ist nach unserer Erfahrung weniger die Dramatik der Sanktion auf das Auftreten einer Beeinflussung durch Alkohol oder Drogen, sondern die strikte Durchsetzung von Nüchternheit. Alkoholverbote benennen häufig als unmittelbare Sanktion die sofortige Abmahnung.

Nüchternheit durchsetzen

Sinnvoller ist es nach unserer Einschätzung, die Sanktion stärker zu stufen und stattdessen Nüchternheit umfassend zu kontrollieren, ggf. auch durch Stichprobenkontrollen. Nüchternheit und persönliche Fitness ist in diesen Bereichen ein unmittelbarer Aspekt von Qualitätssicherung. Regelmäßige Kontrollen können hier entsprechend wie andere routinemäßige Qualitätssicherungsmaßnahmen angesehen werden.

Manche sicherheitskritischen Bereiche, insbesondere Polizei und Feuerwehr, sind zugleich Arbeitsbereiche, in denen Mitarbeiter Belastungen bis hin zu Traumata ausgesetzt sind (Teegen, 2003). In diesen Betrieben keine entsprechenden Beratungsangebote und Sozialdienste bereitzustellen, ist ähnlich wie in Krankenhäusern eine Unterlassungssünde, die vermutlich mit höheren Fehlzeiten und Langzeiterkrankungen erkauft wird.

4.5 Klein- und Mittelbetriebe: Vernetzung hilft weiter

Das größte Problem in Klein- und Mittelbetrieben ist die Organisation von Führungsseminaren zum Thema und die Bereitstellung entsprechender Hilfeangebote. Hier ist Kontakt entscheidend: Klein- und Mittelbetriebe können Inhouse-Beratung in Anspruch nehmen und sich ein Programm maßschneidern.

Führungskräfteschulungen im Rahmen offener Angebote oder in Zusammenarbeit mit Berufsgenossenschaften und Unfallkassen können umfassende Inhouse-Seminare kompensieren.

Professionelle Beratungsleistungen können stundenweise nach dem Sprechstundenmodell in Anspruch genommen werden. Für Klein- und Mittelbetriebe sind nebenamtliche kollegiale Ansprechpartner oft hochaktive „Vernetzer".

4.6 Pädagogische Einrichtungen: Ganzheitliche organisationale Ansätze

Probleme nur bei den Klienten?

In pädagogischen Einrichtungen wie Kitas, Schulen und überbetrieblichen Ausbildungseinrichtungen besteht die Tendenz, das Thema Alkohol- und Drogenprävention auf die Klienten zu beschränken. Suchtprävention im Kindergarten durch Bilderbuchmaterial und Spielangebote, in der Schule über den Unterricht oder eine Diskussion des Rauchens, in überbetrieblichen Einrichtungen durch Einsatz entsprechender Fachleute oder Projekte bestimmen das Bild.

Gerade in pädagogischen Einrichtungen ist bei Alkohol- und Drogenprävention nach unserer Erfahrung ein ganzheitlicher Ansatz gefordert, der auf Ebene der Erwachsenen die gleichen Maßstäbe anlegt wie bei den Jugendlichen. Nicht nur verlieren Programme sonst gegenüber den Kindern und Jugendlichen die Glaubwürdigkeit. Es besteht sonst auch die Tendenz, die Schwerpunkte ungünstig zu wählen oder aber Inhalte nicht durch die richtigen „Sender" zu kommunizieren.

Pädagogische Arbeit – ein Risikobereich?

Die Frage, ob der pädagogische Bereich insgesamt ein Risikobereich auf Seiten der Erwachsenen ist, wird immer wieder diskutiert. Nach unserer Erfahrung ist der Erzieherberuf für viele Menschen ein „Rettungsanker", um aus bestimmten unerwünschten Situationen (ungeliebten Berufen wie Multiproblemfamilien) herauszukommen. In manchen Bereichen (z. B: bei Lehrern) sind die Arbeitstätigkeiten stark isoliert und mit Überforderungssituationen vielfältigster Art verbunden.

Unklare Rollen

Ein letzter Punkt sind die vielfach unklaren Rollen. Im Erziehungsbereich ist eine strikte Trennung zwischen Intervention und Beratung schwer durchzuhalten, wo sie möglich wäre – etwa in überbetrieblichen Ausbildungsstätten – ist sie oft schon strukturell behindert, weil etwa Sozialpädagogen den Ausbildungsmeistern vorgesetzt sind.

Eine organisationsbezogene Erarbeitung von Programmen ist in pädagogischen Einrichtungen deshalb immer unmittelbar Organisationsentwicklung, denn sie berührt in der Regel alle anderen Felder pädagogischer Arbeit und Zusammenarbeit.

– Alkohol- und Drogenprävention in der Schule wirkt lächerlich, wenn im Lehrerzimmer Alkohol ausgeschenkt wird oder Lehrer mit Alkoholproblemen nicht „angefasst" werden. Das gleiche gilt fürs Rauchen in Pausenräumen.

– Ein Jugendlicher, der im Unterricht oder in Extraveranstaltungen über die Gefahren von Marihuana wortreich aufgeklärt wird, jedoch nicht daran gehindert wird, tagsüber in der letzten Bank mehr oder minder einzuschlafen, lernt, dass Worte Worte sind und nichts weiter.

– Kindern, die von alkoholisierten Eltern in die Kita gebracht werden, wird der suchtpräventive Süßigkeitenentzug in der Kita weniger nutzen als wenn die Eltern von der Kitaleitung angesprochen werden würden.

– Auszubildende, die mit einer Sozialberaterin in der Einführungswoche das „Neinsagen" üben, jedoch nichts über betriebliche Spielregeln in Sachen Puntknüchternheit erfahren, werden nicht wie Erwachsene und möglicherweise künftige Mitarbeiter behandelt, sondern wie eine Sondergruppe von besonders Drogengefährdeten.

4.7 Präventionsprogramme im Ausbildungsbereich

Suchtpräventionsprogramme im Ausbildungsbereich beanspruchen im Gegensatz zu Programmen im Erwachsenenbereich stärker eine primärpräventive Wirkung.

Ausgangspunkt der Überlegungen ist dabei häufig die implizite Hypothese, dass das Jugendalter grundsätzlich mit Alkohol- bzw. Drogengefährdung einhergeht und dass dabei der Griff zum Suchtmittel der Bewältigung problematischer Lebensumstände diene oder aber Selbstwertproblemen bzw. Schwierigkeiten im Umgang mit sozialem Druck geschuldet sei. Für Hochrisikogruppen wird mit dieser These sicherlich ein Großteil der Probleme adäquat abgebildet (vgl. Hurrelmann & Hesse, 1991). Unterschätzt wird dabei oft, dass Alkohol- und Drogenkonsum Jugendlichen zunächst einmal sehr viel *Spaß* macht, und dass Jugendliche von sich aus das *Experimentieren* mit Alkohol und Drogen anstreben, weil der Konsum symbolisch für Freiheit, Erwachsensein, neuartige Erfahrungen, Grenzerfahrungen und Erweiterung steht (vgl. Barsch, 1994). Primärprävention, die sich als „stützend" für problembehaftete Zielgruppen versteht, geht an diesen Motiven vorbei. Im Um-

Drogen machen Spaß

gang mit dem „normalen Alltagskonsum" sind vielmehr auch grenzsetzende Maßnahmen (Spielregeln) gefordert, die Konsequenzerwartungen erzeugen.

4.7.1 Die Bedeutung von Risikoinformation

Risiko-
information
ist wichtig

Auf Grund von Fehlentwicklungen in der Vergangenheit ist in der Primärprävention das Arbeiten mit Risikoinformation vielfach als Angstmacherei und Abschreckungsstrategie verpönt (Schlömer, 1996). Soweit dieses Argument auf unrealistische und unglaubwürdige Schreckensbilder bezogen ist, ist es unmittelbar einleuchtend. Viele Erfahrung in der Jugendarbeit bestätigen die geringe Wirksamkeit von Risikoaufklärung u. E. jedoch nur deshalb, weil Zielgruppen von Jugenddrogenarbeit oft ganz bestimmte Gruppen von Jugendlichen sind, die auf Grund ihrer spezifischen Situation durch Risikoinformation nicht mehr erreichbar sind: Wer latent suizidal ist, etwa sein Leben beim S-Bahn-Surfen riskiert, sich selbst nur noch in Extremsituationen spürt, ist sicherlich nicht durch eine Information motivierbar, die ihm gewisse gesundheitliche Risiken mit erheblicher Zeitverzögerung signalisiert.

Wirkung von Furchtappellen

Andere Gruppen von Jugendlichen lassen sich aber durch Risikoinformation sehr wohl beeinflussen: Selbst Furchtappelle haben ihren berechtigten Stellenwert in der Aufklärung und Prävention, vorausgesetzt sie sind differenziert und spezifiziert (Barth et al., 1998). Angst ist *das* wesentliche handlungsleitende Motiv des Menschen und kann insofern Vorsicht am richtigen Punkt erzeugen: Risikoinformation erreicht all diejenigen, die sich tendenziell gesundheitsbewusst verhalten *möchten bzw. dafür ansprechbar sind*. Dabei scheint für die grundsätzliche Einstellung gegenüber Drogenkonsum die Fähigkeit, negative Konsumerwartungen und Konsumrisiken sprachlich erfassen und artikulieren zu können, nicht unwesentlich (Barsch, 1994). Angesichts des immer noch erstaunlich geringen Wissens etwa über die Wirkung von Alkohol und die Entstehung von Suchtkrankheiten käme eine Unterlassung von Risikoinformation insofern der Fahrlässigkeit gleich.

Dabei ist davon auszugehen, dass sich bei Jugendlichen gesundheitserhaltende und risikobetonte Verhaltensoptionen nicht ausschließen, sondern nebeneinander existieren. Dass jugendliches Risikoverhalten, sogar das Aufspielsetzen ihrer körperlichen Unversehrtheit und Leistungsfähigkeit als Option der Selbstverwirklichung normal ist, bedeutet keineswegs, dass keine Ansprechbarkeit für gesundheitlich protektive Verhaltensweisen vorhanden ist. Dies zeigt eindrucksvoll der immer größer werdende Anteil ausgesprochen gesundheitsbewusster Jugendlicher.

Die Diskreditierung von Risikoinformation mit dem Zerrgebilde der Ab-schreckungspädagogik greift deshalb zu kurz und schüttet das Kind mit dem Bade aus. Sie unterschlägt, dass sowohl Angst als auch prohibitive Grenzsetzungen Aspekte von Realität sind, die handlungsleitend wirken können.

Risikowahrnehmung stellt nachweislich eine zentrale Komponente des Gesundheitsverhaltens dar. Zwischen der Wahrnehmung persönlicher Gefährdung und gesundheitsbezogenem Handeln besteht ein positiver Zusammenhang.

Allerdings ist die *Art* der verfügbaren Information und ihre Verarbeitung von außerordentlicher Relevanz: Unter bestimmten Bedingungen unterschätzen viele Menschen ihr eigenes Risiko im Vergleich zu dem anderer (sog. unrealistischer oder defensiver Optimismus). Es kommt zur Über- oder Unterschätzung von Wahrscheinlichkeiten und zur Tendenz, freiwillig eingegangene Risiken für kontrollierbar zu halten (vgl. Barth u. a., 1998, S. 27 ff.). Handlungsrelevante Information muss sich daher gezielt auf diese Aspekte beziehen.

Defensiver Optimismus

Damit soll nun aber nicht einem Rückfall in die verkürzte Abschreckungs-logik der Drogenprävention der 70er und 80er Jahre das Wort geredet werden. Voraussetzung für die Akzeptanz ist die vielmehr die Vermittlung von Glaubwürdigkeit und Sinnhaftigkeit entsprechender Informationen und Regularien.

Dazu gehört unter anderem, zu akzeptieren, dass der Konsum legaler und illegaler Drogen nicht unmittelbar und zwangsläufig in ein Suchtrisiko führt. Bei nicht realitätsgerechter Auseinandersetzung mit den Risiko-potenzialen drohen Glaubwürdigkeitsverluste, die die Basis für die Kommunikation untergraben.

> *„Ich könnte zuhause niemals zugeben, dass ich Hasch rauche, meine Eltern würden gleich meinen, ich wäre schwer drogensüchtig"* Jugendlicher im Projekt „Was wottsch wüsse," Handelsschule KV Münchenstein/Reinach

Möglicherweise ist die Relevanz von „Peer-to-peer"-Information insbesondere in Gruppen, die sich hinsichtlich ihres Konsumverhaltens selbst für gut informiert halten und nach außen „Geschlossenheit" zeigen auch als Kontrapunkt zur häufig nicht glaubwürdigen Information aus der „Erwachsenenwelt" zu werten.

Peer-to-peer-Information

Wer Alkohol oder Cannabis konsumiert, geht etliche Risiken ein – das Suchtrisiko ist aber nur eines davon. *Entscheidend für die Glaubwürdigkeit sachgerechter Aufklärung ist, die individuelle „Kosten-Nutzen-Relation" beim Drogenkonsum adäquat abzubilden* und im Bereich weicher

Drogen statt der Aufstellung unrealistischer Abstinenzforderungen das Verantwortungsbewusstsein, realistische Konsequenzerwartungen und die *„Konsumkompetenz"* zu fördern. Ausschlaggebend für den Erfolg ist die *Verbindung von Risikoinformation und Aufbau von Handlungskompetenz* durch Aufzeigen von Verhaltensoptionen, die geeignet sind, die Risiken zu vermindern (vgl. Barth u. a., 1998).

Risikoinformation kann, wenn sie diese Bedingungen nicht erfüllt, bei Jugendlichen leicht in „Werbung" umschlagen. Drastische Sprüche auf Zigarettenschachteln werden zum Sammlerobjekt, Ex-User in der Drogenprävention, die es geschafft haben, werden zum Sinnbild für ein abenteuerliches Leben …

4.7.2 Taten wirken mehr als Worte

Vielfach wird in Präventionsprogrammen mit Auszubildenden zu sehr auf das gesprochene bzw. geschriebene Wort gesetzt, mithin auf *Einstellungsänderung.* Unausgesprochen unterliegt dieses Vorgehen der Hypothese, dass mit einer solchen Einstellungsveränderung auch die entsprechenden Verhaltensveränderungen einhergehen.

Prävention ist Gestaltung von Lebensbedingungen

Dies gilt nicht nur für den Suchtbereich, sondern ganz generell: So wird etwa in Schulen der Schulzahnarzt einbestellt, um Kindern die Bedeutung des Zähneputzens nach dem Frühstück zu erklären. Die Einrichtung einer Zahnputzzeile, die direkte Aufforderung zum Zähneputzen nach dem Frühstück und die Verankerung dieses Vorgangs durch positive Bestätigung und Gewohnheitsbildung wären wahrscheinlich wesentlich handlungswirksamer. Die unmittelbaren Kontextbedingungen werden häufig nicht adäquat einbezogen, weil sie sich als schwieriger veränderbar erweisen: *Gute Primärprävention ist Gestaltung von Lebensbedingungen und sozialen Bezügen – und wird in dieser Hinsicht immer defizitär bleiben.*

Diese Hürde führt in der primärpräventiven Arbeit die Praktiker nicht selten zu einer „resignativen" Vernachlässigung
– unmittelbar handlungs- und entscheidungsregulierender Bedingungen (z. B. klare Spielregeln und Sanktionen, z. B. Preisgestaltung beim Getränkeverkauf usw.)
– direkter Ausgestaltung von Alternativen (Möglichkeiten der Freizeitgestaltung, Schaffung von Situationen mit Aufforderungscharakter)

4.7.3 Empfehlungen für primärpräventive Aktivitäten

Legt man die vorhergehenden Ausführungen zu Grunde, so können daraus einige grundsätzliche *Strategien für erfolgversprechende Primärprävention im Ausbildungsbereich* abgeleitet werden.

Strategien für Primärprävention
– Kommunikation relevanter Botschaften, die die Empfänger interessieren, für ihre Handlungssituation bedeutsam sind, durch für sie relevante und glaubwürdige Bezugspersonen – Sachgerechte Beeinflussung der Risikowahrnehmung durch Aufklärung, die die Jugendkultur zur Kenntnis nimmt, Panikmache vermeidet, ohne die erforderliche Risikoinformation zu unterschlagen – Balance von stützenden und grenzsetzenden Aktivitäten als Leitlinie für Inter-ventionsmaßnahmen – Direkte Veränderung handlungs- und entscheidungsrelevanter Umgebungsbedingungen

Diese Strategien stehen in Übereinstimmung mit den Leitlinien der BZgA (1998) zur Suchtvorbeugung, in denen betont wird, dass
– Suchtvorbeugung besonders im Kinder- und Jugendbereich Gemeinschaftsaufgabe ist und nicht allein „Fachleuten" überlassen bleiben darf
– Primärprävention an der Förderung protektiver Faktoren ansetzen muss
– suchtmittelspezifische Inhalte zielgruppenbezogen kommuniziert werden müssen, wobei mit zunehmendem Alter und steigender Drogenaffinität der Zielgruppe der Anteil derartig spezifizierter Information zunehmen sollte
– suchtmittelspezifische Maßnahmen nicht zu Lasten suchtmittelunspezifischer Maßnahmen erfolgen dürfen
– bei der Risikoinformation multipler Drogenkonsum berücksichtigt werden muss
– zwischen den Akteuren eine abgestimmte Aufgabenteilung entwickelt werden muss

4.7.4 Die Bedeutung von Spielregeln und ihrer Vermittlung

Betriebliche Spielregeln sind für Auszubildende unmittelbar handlungs- und entscheidungsrelevant. Insbesondere Neulinge in der Organisation sind ansprechbar für die Vermittlung von Spielregeln und in hohem Maße bereit, sich den Regularien anzupassen. Dies gilt für die formellen ebenso wie die informellen Spielregeln.

Die Information über Spielregeln kann nicht über externe Fachleute (Sozialarbeiter usw.) geleistet werden, sondern muss direkt aus der Organisation kommen. Sind die Regeln unklar, nicht vorhanden oder in sich inkonsistent und widersprüchlich, fehlt die Basis, auf der betriebliche Aufklärungsmaßnahmen ihre Wirkung entfalten können.

Betriebliche Spielregeln, die relevant für Alkohol- und Drogenkonsum sind, können beispielsweise sein:
– Nüchternheitsgebot (begründet über Leistung und Arbeitssicherheit)
– Regeln, die sich auf den Umgang mit Alkohol am Arbeitsplatz (Feiern etc.) beziehen
– Informationen über Sanktionen bei Übertretungen
– Regeln für den Umgang mit suchtmittelbedingten Auffälligkeiten
– Regeln der Inanspruchnahme betrieblicher Hilfeangebote

Wichtig ist, wer informiert Es ist sinnvoll, diese Informationen beim Eintritt in die Organisation von einem relevanten Mitglied der Organisation präsentieren zu lassen und im unmittelbaren Kontakt mit den Ausbildern nochmals zu verankern.

Vermittlung betrieblicher Spielregeln
Verhaltenserwartungen, Normen und Regeln vermitteln – und sich in der Eintrittsphase in die Organisation darauf zu beschränken – bedeutet: – In sachlicher und *unterstellungsfreier* Form *handlungsrelevante* Information vermitteln – die Entstehung der kollektiven Trance *Jugend = Drogenkonsum = Gefährdung = Sucht* zu Gunsten einer orientierenden Information über betrieblich relevante Themen zu durchbrechen – damit *selbstverständlich und lösungsbezogen* von dem Sollzustand auszugehen, dass die Auszubildenden hochmotiviert sind, im Berufsleben zurechtzukommen, nüchtern zu arbeiten und sich und andere nicht zu gefährden. *Adressaten für entsprechende Maßnahmen (Broschüren, Veranstaltungen usw.) sind sowohl die Auszubildenden als auch die Ausbilder.*

4.7.5 Ausbilder als Adressaten betrieblicher Programme

Die Informationen, die den Auszubildenden zukommen (Informationen über betriebliche Regelungen sowie über die Wirkung von Alkohol und anderen Drogen) sollten grundsätzlich in gleichem Umfang die Ausbilder erreichen.

Im Ausbildungsbereich verliert jede Präventionsaktivität sofort ihre Glaubwürdigkeit, wenn die zentrale Erwachsenen-Droge, der Alkohol, innerbetrieblich ignoriert oder totgeschwiegen wird. Präventionsaktivitäten im Ausbildungsbereich sollten insofern allgemeinen betrieblichen Präventions- und Gesundheitsförderungsaktivitäten beigeordnet werden.

Entsprechend sind die Ausbilder zweifach anzusprechen:
– als alkoholkonsumierende Organisationsmitglieder
– in ihrer Führungs- und Ausbildungsfunktion

In der Führungs- und Ausbildungsfunktion kommt es entscheidend darauf an, die *Unabhängigkeit der Interventionsstrategien von den missbrauchten Suchtstoffen* herauszuarbeiten. Ausbilder mystifizieren vielfach illegale Drogen, reagieren darauf mit großer Unsicherheit und Hilflosigkeit. Der Schwerpunkt ihrer Qualifizierung sollte auf der Befähigung zur Auseinandersetzung mit Auszubildenden in kritischen Lebenssituationen liegen.

Bewährt haben sich Seminarveranstaltungen für Ausbilder, die analog verbreiteter Führungskräfte-Trainings beide Aspekte, sowohl Information/Selbstreflexion bezogen auf Suchtstoffe, als auch konkrete Führungsanforderungen einschließlich des Gesprächs und etwaiger Rechtsfragen, thematisieren.

Seminarveranstaltungen für Ausbilder
Zielstellungen
– Die Ausbilder zur Reflexion ihres eigenen Umgangs mit Suchtmitteln anzuregen und die Bedeutung von Alkohol- und Drogenkonsum für den Übergang zum Erwachsenenalter zu verdeutlichen – Die Ausbilder für Probleme der Auszubildenden in Zusammenhang mit Alkohol- und Medikamentenmissbrauch zu sensibilisieren – Sie zu befähigen, konstruktiv zu intervenieren – Ihnen Sicherheit für die adäquate Reaktion im akuten Fall zu vermitteln
Mögliche Inhalte
– Vermittlung von Basisinformationen zu Alkohol- und Medikamentenmissbrauch sowie Drogenkonsum in Zusammenhang mit der Jugendkultur – Wahrnehmung und Bewertung von Alkoholisierung und Drogeneinfluss am Arbeitsplatz – Verantwortungsübernahme, Aufzeigen betrieblicher und überbetrieblicher Hilfemöglichkeiten – Aufzeigen von Interventionsmöglichkeiten und Klärung des Handlungsrahmens (eigene Rolle, rechtliche Fragen, Möglichkeiten und Grenzen, Ansprechpartner) – Handlungsorientierungen für konsequente und konstruktive Gespräche

Um innerbetriebliche Transparenz zu schaffen, können in diese Veranstaltungen Jugendvertreter einbezogen werden. Es empfiehlt sich außerdem, Kontakt zu etwaigen betrieblichen Sozialberatern oder externen Fachberatern, mit denen die Organisation kooperiert, herzustellen. Dafür kann in den Veranstaltungen eine Arbeitseinheit reserviert werden.

5 Aktive Gestaltung der Zukunft

Die Chancen entdecken

Wenngleich in der betrieblichen Alkohol- und Suchtprävention viele Fortschritte und gute Erfolge zu verzeichnen sind, müssen sich die Programme heute mehr denn je legitimieren und dem schnellen Wandel anpassen. Suchtpräventionsprogramme sind, vor allem durch ihre hohe Standardisierung, nach unserem Eindruck oft etwas träge. In Seminaren wird mit Jahrzehnte alten und fachlich überholten Modellen gearbeitet. Betriebsvereinbarungen bewegen sich juristisch oft auf dünnem Eis, manche sind überreguliert – bis dahin dass therapeutische Maßnahmen ohne Ansehen des Falls und der Person festgelegt werden. Oder sie beinhalten statt einer Definition der Ressourcen und Investitionen lediglich Stufenpläne, die nicht viel mehr als die juristisch notwendigen Schritte der Abfolge von Abmahnungens- und Kündigungsgesprächen bei Fehlverhalten beschreiben. Vorgesetzte, die unter immensem Zeitdruck stehen, werden – für sie vollkommen unverständlich – mit Dreitages-Seminaren zum Thema Sucht bestückt, wobei oft mehr Energie in die Beschreibung der Krankheitsbilder als in die Führungsanforderungen und Handlungshilfen investiert wird.

Das Helfen nicht diskreditieren

Das schlichte „Helfen", wenn jemand in Schwierigkeiten ist, ist gleichzeitig dem Zeitgeist zum Opfer gefallen. Mancher Sozialberater schämt sich geradezu, wenn ihn jemand als Helfer statt als Berater anspricht oder gar das altmodische Wort Fürsorge in den Mund nimmt – so als gäbe es keine Menschen, die Hilfe brauchen.

Der schnelle Wandel bringt traditionelle Programme ins Wanken: Betriebe für Langzeitziele zu gewinnen, wird immer schwieriger. Wo traditionelle Vorgesetztenstrukturen verschwinden, funktionieren zugleich viele bewährte Ansatzpunkte der traditionellen Suchtprogramme nicht mehr. Vor allem die Stufenpläne, die klar auf der Wirkung von Hierarchien und Positionsmacht aufbauen, verlieren ihre Substanz. Dies bietet aber auch Chancen, sich von überholten Konzepten zu lösen und fordert zur Innovation heraus.

Nach unserer Erfahrung ist es zunehmend geboten, sich von Programmen „von der Stange" zu verabschieden. Es ist wirksamer, sie direkt auf die Kultur der jeweiligen Organisation zuzuschneiden. Betriebliche Suchtprävention darf der Organisation nicht hinterherhinken – ein „Eigenleben" der Programme – und dies schließt Sozialberatungen und Suchtkrankenhelfer ein – ist nicht sinnvoll. Eine Integration gelingt leichter, wenn Visionen und Kernwerte der Organisation für das Arbeitsfeld Suchtprävention übersetzt werden.

Das heißt nicht, dass betriebliche Sozialberater nun zu Personalenwicklern mutieren müssen und sich vom Thema Sucht verabschieden sollen – diesen Trend gibt es und er ist bedenklich. Auch ist es nicht wünschenswert, betrieblichen Sozialeinrichtungen abzufordern, die Hälfte ihrer Energie in den Nachweis ihrer Existenzberechtigung zu investieren. Andererseits müssen die Akteure in der betrieblichen Suchtprävention aber im Rahmen der Qualitätssicherung selbst ein Interesse daran entwickeln, ihren Kunden gegenüber ihre Arbeit und ihr Angebot transparent zu halten.

Ressourcen sparen

Das größte aktuelle Problem der Programme sind knappe Ressourcen. Viele Betriebe sind nicht mehr bereit und in der Lage, zu dem relativ speziellen Thema Suchtprävention große Schulungs-Serien durchzuführen. Klein- und Mittelbetriebe haben ohnehin selten systematisch geschult. Auf der anderen Seite wird oft nicht „intelligent" gespart. Ein guter betrieblicher Kooperationsverbund für die Einzelfallhilfe senkt nachweisbar Kosten allein im Fehlzeitenbereich so stark, dass über wenige Einzelfälle, die schneller in Behandlung gehen, eine Stelle finanziert werden kann (Fuchs & Petschler, 1998).

Ressourcen sind knapp

Ressourcen können eingespart werden, wenn
– das Thema Intervention in Kollegs und FK – Entwicklungsprogramme, Konfliktmanagementseminare etc. integriert wird (Achtung: diese Integration muss explizit sein – sonst fällt das Thema trotz (oder wegen?) seiner Brisanz unter den Tisch).
Suchtmittelkonsum thematisch in Gesundheitsförderungs- und Qualitätssicherungsprogramme eingeht
– vorhandene Settings (Arbeitssicherheitsrunden, Betriebsversammlungen, Meetings) und Systeme (Jahresgespräche, 360 Grad Feedback) besser für themenbezogene Botschaften genutzt werden
– Zeitnahe Angebote wie Coaching und Interventionsberatung ausgebaut werden

Wissen, wer weiter weiß

Eine klare Orientierung am Servicegedanken mit dem Anspruch, wirklichen Kundennutzen zu erzeugen, schützt vor Aufblähung der Programme und vor Investitionen am falschen Punkt und ist ressourcenschonend für alle Seiten. Und sie schützt davor, bei Althergebrachtem stehenzubleiben und neue Entwicklungen im fachlichen Bereich zu ignorieren. Wer sich nach außen öffnet und gut vernetzt, erkennt schneller Veränderungsbedarf und entwickelt sich weiter.

Vernetzung lebt von Information. Im Rahmen betrieblicher Settings wie Führungskollegs, Seminare, Meetings, Versammlungen können die inner-

---

Präventionsaktivitäten in diesem Bereich werden immer von vielen Seiten aus der Unterstützung und des Engagements bedürfen:

Von den betrieblichen Entscheidungsträgern

Investition. Die Werthaltung, das Thema ernst zu nehmen und nicht allein funktional und leistungsbezogen zu betrachten, sondern es als Work-Life-Balance-Thema in den Zusammenhang mit anderen Organisations-entwicklungs-Themen zu stellen

Von den Sucht- und Sozialberatern

Kooperation statt Konkurrenz, insbesondere in der Zusammenarbeit von Haupt- und Nebenamtlichen und zwischen Internen und Externen. Aufbau von Kunden- und Lösungsorientierung, Verteidigung des Fürsorgegedankens

Von den Betriebs- und Werksärzten

Nutzung der Rolle und des Einflusses, um Programme anzuschieben

Von externen Organisationsberatern

Der Versuchung widerstehen, das Thema zu Gunsten von „Top-Themen", attraktiverer – und besser bezahlter – Handlungsfelder zu vernachlässigen

Von der Politik

Unterstützung des gesundheitspolitischen Anliegens und des äußerst erfolgreichen Ansatzes in den Betrieben durch öffentliche Anerkennung und Bereitstellung von Ressourcen

---

trieblichen Erwartungen an die jeweiligen Zielgruppen formuliert werden, die Angebote und Möglichkeiten der innerbetrieblichen Ansprechpartner vorgestellt werden – und wichtigste Meinungsbildner (z. B. Personalleitung, Ausbildungsleitung, Betriebsrat …) können sich positionieren.

Service ist dabei mehr als Information – Dienstleistung ist Tat. Sie ist das Gegenteil davon, Verantwortung von einem zum anderen zu schieben – im Umgang mit Problemen ein beliebtes Spiel. Service ist Handeln im Interesse des Kunden – so schnell, so gut und so effizient wie möglich – in Einheit von Wort und Tat.

Dienstleistung ist Tat

Das Thema Suchtmittelmissbrauch bedarf in der betrieblichen Gesundheitsförderung und in der Organisationsentwicklung nach wie vor der besonderen Aufmerksamkeit. In der Zukunft wird es darauf ankommen, die Integration in andere Arbeitsfelder zu leisten, ohne den Fokus und die Besonderheit der Thematik aus dem Auge zu verlieren – denn dann verschwindet sie aller Erfahrung nach „zwischen den Ritzen".

6 Handlungshilfen

6.1 Schritte zur Einführung eines betrieblichen Suchtpräventionsprogramms

1. Beschreibung des Zielzustandes

Was soll erreicht werden? Woran wäre zu bemerken, dass der Zielzustand erreicht ist? Was bedeutet dies für die drei Entwicklungslinien Konsumniveau, Führung und Hilfesystem?

2. Analyse des Status quo

Situationsanalyse: Wie kann der derzeitige Umgang mit Alkohol und Drogen, sowie mit suchtmittelbezogenen Auffälligkeiten beschrieben werden? Wo weicht dies vom Zielzustand ab? Wo liegen dabei Problemschwerpunkte? Wie hoch sind die derzeitigen Kosten? Was sagen die Fehlzeitenstatistik, die Kündigungsfälle der vergangenen Jahre? Gibt es Einzelfälle, die die Mitarbeiter/innen persönlich berührt haben? Wie wird derzeit mit vorhandenen Auffälligkeiten umgegangen? Was hat sich gut bewährt, was sollte verändert werden? Nehmen Führungskräfte ihre Aufgaben wahr, wo sind hier Probleme? Welche Widerstände und Unterstützungspotenziale bestehen gegenüber dem Thema in der Organisation?

3. Herbeiführung einer Entscheidung

Präzisierung des Zielzustandes auf Basis der Situationsanalyse. Auswahl geeigneter Teilschritte in Richtung des Sollzustandes, die praktikabel sind und dem gegenwärtigen Diskussionsstand des Themas in der Organisation entsprechen. Vermeidung von Aktionismus und unreflektiertem Übertragen von Konzepten aus anderen Unternehmen, für die in der eigenen Organisation unter Umständen noch die Voraussetzungen fehlen. Bildung einer Steuerungs- bzw. Projektgruppe mit klar definiertem Arbeitsauftrag des Unternehmens. Die Steuerungsgruppe sollte kompetent besetzt sein, dass sie entscheidungsreife Vorlagen liefern kann (Vertreter der Personalabteilung und der Mitbestimmungsgremien, Arbeitssicherheit, Betriebsärztlicher Dienst, Sozialberatung).

4. Fachliche Unterstützung

Auswahl und Einbezug fachlicher Beratung für den Prozess der Programmentwicklung und Implementierung im Unternehmen. Externe Unterstützung ist auch für Schulungsmaßnahmen und Coachingangebote für Führungskräfte sinnvoll (Rollenklarheit). Der Aufbau eines internen Hilfeangebotes (Kollegiale Beratung) sollte mit den für diesen Personenkreis notwendigen Qualifizierungsmaßnahmen geschehen. Je nach Rahmenbedingen und Existenz eines professionellen internen Beratungsangebotes bieten sich extern begleitete Inhouse Seminare oder aber offene Zertifikatskurse qualifizierter Anbieter an.

5. Planung von Aktivitäten

- Planung der Kommunikationsstrategie für den Zielzustand (Spielregeln)
- Planung von Maßnahmen zur Schulung bzw. zum Coaching der Vorgesetzten im Umgang mit dem Thema, Klärung von Verantwortlichkeiten für die Organisation
- Vernetzung mit anderen Angeboten der Führungskräfteschulung und Personalentwicklung
- Nutzung vorhandener Settings und Personenkreise zur Kommunikation bestimmter Informationen (Arbeitssicherheit, Qualität, Gesundheit, Feedback etc.)
- Zielgruppenspezifsche Maßnahmen
- Aufklärung/Materialien
- Aufbau niedrigschwelliger Hilfeangebote
- Evaluation und Controlling
- Budgetierung

6. Präsentation der Planungsaktivitäten

Präsentation und Diskussion der vorgeschlagenen Aktivitäten vor einem größeren Kreis wichtiger betrieblicher Entscheidungsträger und Multiplikatoren. Diskussion und Bewertung von Veränderungsvorschlägen.

7. Steuerung während der Durchführung

Durchführung des Programms als längerfristiger Prozess. Die Steuerungsgruppe mit initiiert, begleitet und überprüft die Maßnahmen. Die Steuerungsgruppe arbeitet strikt konzeptionell und „kippt nicht ab" in die Erör-
terung von Einzelfällen. Langfristig ist die Verabredung eines internen
Maßnahmenkataloges, der Spielregeln festlegt und den Umgang mit Einzelfällen regelt, zu empfehlen. Dieser kann nach einer Phase der Erprobung in eine formelle betriebliche Regelung übergehen.

6.2 Hilfen zur Gesprächsführung für Vorgesetzte[1]

* *Wenn Probleme auftreten*

Wenn Ihnen selbst Auffälligkeiten bewusst werden, stellt sich die Frage:
Wann sollte ich, muss ich etwas tun?

* *Der erste Schritt: Ansprechen, dass etwas nicht stimmt*

Wenn Sie bei einem Mitarbeiter Auffälligkeiten im Umgang mit Suchtstoffen wahrnehmen, die sich auf das Arbeitsverhalten und den Umgang
miteinander auswirken, besteht Ihre Aufgabe als Führungskraft darin, die
Probleme mit dem Status quo zu benennen und konkret zu adressieren. Das
bedeutet, die Mitarbeiterin oder den Mitarbeiter direkt anzusprechen, Ihre
Sorge auszudrücken und zu verdeutlichen, dass eine Veränderung einge-
leitet werden muss. Dabei bieten Sie Ihre Unterstützung an. Mehr ist im
ersten Anlauf nicht erforderlich!

Sie erzeugen im ersten Schritt also „Veränderungsdruck" oder „Entscheidungsdruck": Sie zeigen dem Mitarbeiter, der Mitarbeiterin, dass die Dinge
nicht bleiben können, wie sie sind – und dass sie oder er mit der Problem-
lösung nicht alleingelassen wird.

* *Machen Sie es sich leicht: **Sie** informieren*

Wenn Sie einen Mitarbeiter auf Auffälligkeiten ansprechen, geht es zunächst um Informationen von *Ihrer Seite*! Sie teilen dem Mitarbeiter, der
Mitarbeiterin Ihre Eindrücke mit, benennen Probleme und Auffälligkeiten,
drücken Ihre Sorgen aus und unterbreiten Hilfeangebote. Mit diesem Ge-
sprächsschwerpunkt machen Sie sich zunächst von möglichen Reaktionen
des Mitarbeiters frei. Mit der folgenden „Grundlogik" können Sie Ihre
Information strukturieren:

---

1 (Auszug aus Rummel 2001, mit freundlicher Genehmigung des Lambertus-Verlages)

Grundaufbau von Interventionsgesprächen durch Vorgesetzte
Information steht im Vordergrund! Ihr Eindruck zählt!
Rahmen, Beziehung (Kontext)
Absichten und Anlass (Vorfälle, Sorge, Ärger…), offen, ehrlich, zugewandt
Fakten (Ist)
Konkret, beschreibend, nachvollziehbar. Ich-Botschaften: „Ich habe bemerkt, dass …; Dies hatte folgende Auswirkungen für mich, für andere …; Für mich bedeutet das …; Mein Eindruck ist, meine Sorge ist, ich wünsche mir …"
Erwartungen/Grenzen (Soll)
Realistisch, auf das Berufliche bezogen, legitim
Konsequenzen (Handlungsfolgen)
Ihr nächster Schritt wenn der Status quo sich nicht ändert: Angemessen, fair, angekündigt
Unterstützung (Ressourcen)
Informativ, eindringlich. Was können Sie tun/anbieten, was nicht? Ggf. Vermittlung des Kontakts zu Hilfeangeboten

Diese Informationen ermöglichen es dem Mitarbeiter/der Mitarbeiterin, das eigene Verhalten mit Ihren Augen zu sehen, zu erkennen, welchen Preis der Alkoholmissbrauch hat und Entscheidungen zu treffen. Sie verändern die Informationsbasis der tagtäglichen, häufig unbewusst ablaufenden Entscheidung für den Suchtmittelkonsum.

Hürde 1: Wie können Sie das Thema Alkohol/Drogenmissbrauch ins Spiel bringen, wenn Sie sich nicht sicher sind?

Tipp: Wenn Sie unsicher sind, ob die Auffälligkeiten tatsächlich auf Alkohol oder Drogen zurückgehen, stellen Sie die Möglichkeit des Suchtmittelmissbrauchs als Hypothese neben anderen Möglichkeiten (z. B. private Probleme, gesundheitliche Beeinträchtigungen) in den Raum. Stellen Sie keine Diagnosen, legen Sie sich nicht fest. Machen Sie sich bewusst: Es ist nicht wichtig, dass Ihnen der Mitarbeiter alles erzählt – wichtig ist, dass sich etwas ändert. Er braucht sich nicht Ihnen zu öffnen, aber muss etwas ändern – und er sollte sich Hilfe holen, wenn er dies aus eigener Kraft nicht schafft.

Hürde 2: Wie können Sie Hilfe anbieten, wenn der Mitarbeiter abwehrt und behauptet, kein Problem zu haben?

Tipp: Bringen Sie die Hilfeangebote ins Gespräch, besonders, wenn sich nach einem ersten Gespräch keine Veränderung zeigt. Nennen Sie Adressen, Personen, verweisen Sie auf innerbetriebliche Hilfeangebote. Sie könnten darauf verweisen, dass Sie sicherstellen möchten, dass der Mitarbeiter im Zweifel weiß, wohin er sich wenden kann.

Hürde 3: Wie können Sie das Thema Alkohol/Drogenmissbrauch direkt ansprechen, ohne zu kränken?

Tipp: Wenn Sie sicher sind, dass Alkohol oder Drogen im Spiel sind, stellen Sie Ihren Eindruck in den Mittelpunkt. Beschreiben Sie Ihre Wahrnehmungen, wie z. B. Alkoholgeruch oder andere Anzeichen von Drogenbeeinflussung. Verzichten Sie aber auf Diagnosen „süchtig" oder „Alkoholiker". Verweisen Sie darauf, dass Sie kein „Profi" sind und empfehlen Sie aus dem Grund Klärung bei einer Fachberatung.

• *Wie geht es weiter?*

Führen Sie die ersten Gespräche unter vier Augen. Häufig reichen Vier-Augen-Gespräche jedoch nicht aus, um für eine Verhaltensänderung und zur Annahme von Hilfe zu motivieren.

In diesem Fall erweitern Sie – als Konsequenz – schrittweise den am Gespräch beteiligte Personenkreis. Sagen Sie dem Mitarbeiter deutlich, dass Sie den Eindruck haben, dass Sie unter vier Augen nicht weiterkommen, und dass Sie deshalb den Personenkreis erweitern möchten. In der Regel wird zunächst Ihre eigene Vorgesetzte/Ihr Vorgesetzter beteiligt, später auch die Personalabteilung und der Betriebsrat/Personalrat.

Den Personenkreis schrittweise erweitern

Kündigen Sie Ihre Schritte immer an. Bestehen Sie darauf, dass Sie bei den weiteren Gesprächen einbezogen werden. Lösen Sie die Probleme in Ihrem Verantwortungsbereich. Ein innerbetrieblicher „Verschiebebahnhof" (Versetzung des Mitarbeiters) im Stadium der Auseinandersetzung ist nicht oder nur in Ausnahmefällen sinnvoll.

Es ist ein verbreitetes Missverständnis, dass bei Suchtproblemen harte Konsequenzen erforderlich seien, um „Leidensdruck zu erzeugen". Konsequenz bedeutet aber nicht Druck oder Strafe, sondern zunächst „Folge". Die Folgen von Suchtmittelmissbrauch werden durch klares, konsequentes (= folgerichtiges) Handeln in die Verantwortung des Mitarbeiters zurückgelegt. Dazu

Konsequenz ist Klarheit über die Folgen – nicht Strafe

105

bedarf es keines zusätzlichen Drucks – denn der Leidensdruck ist in der Regel ohnehin hoch – sondern einer klaren Konfrontation mit der Realität. Diese Konfrontation besteht darin, dass Sie dem Mitarbeiter, der Mitarbeiterin verdeutlichen, dass Sie selbst nicht bereit sind, die Dinge „auszubaden", sondern nachdrücklich auf Veränderung bestehen. Nicht Sie erzeugen Konsequenzen, sondern der Mitarbeiter tut dies durch sein Verhalten.

Hürde 4: Wie können Sie es sich leichter machen, Ihre Schritte konsequent zu gehen, auch wenn Sie sehen, wie sehr der Mitarbeiter leidet?

Tipp: Nehmen Sie sich Zeit. Beginnen Sie mit kleinen Schritten – Ihre erste Konsequenz ist es, den Kontakt zum Mitarbeiter enger zu gestalten und ein zweites Gespräch anzukündigen. Machen Sie dem Mitarbeiter immer wieder deutlich, dass es Ihnen um eine Lösung geht, um eine Veränderung des Status quo. Sagen Sie dem Mitarbeiter, der Mitarbeiterin, dass Sie sie nicht verlieren möchten. Sagen Sie deutlich, dass es Ihnen ebenfalls lieber wäre, wenn Sie sich nicht mit dem Problem auseinander setzen müssten. Bieten Sie immer wieder nachdrücklich Unterstützung an und legen professionelle Fachberatung nahe. Machen Sie deutlich, dass der Mitarbeiter es offensichtlich ganz alleine nicht schafft.

So zeigen Sie dem Mitarbeiter, dass nicht Sie die Eskalation erzeugen, sondern er selbst die Verantwortung für die weitere Entwicklung trägt.

Der Gesprächs-aufbau bleibt gleich
Die Logik des Gesprächsaufbaus bleibt von Stufe zu Stufe erhalten. So wird deutlich, dass der Mitarbeiter durch Verhaltensänderung bzw. Annahme von Hilfe die Eskalation stoppen kann.

Häufig versuchen Mitarbeiter, diese Folgen mit allen Mitteln zu verhindern. Eine Erweiterung des Personenkreises und die möglicherweise damit verbundenen arbeitsrechtlichen Konsequenzen sind bedrohlich. Dies hat für die Gespräche häufig Folgen.

Hürde 5: Wie können Sie reagieren, wenn der Mitarbeiter Sie in seiner Angst unter Druck setzt – sich wehrt, Ihnen droht, Sie erpresst?

Tipp: Machen Sie sich vor jedem Gespräch mögliche Reaktionen bewusst. Nehmen Sie Angriffe, Tränen, Drohungen nicht persönlich. Sprechen Sie von sich. Sprechen Sie auch Ihre Gefühle aus. Bleiben Sie in einer wertschätzenden Haltung. Betonen Sie, dass Ihnen eine positive Veränderung wichtig ist. Wenn Sie sich bedroht fühlen, wenden Sie sich an Ihre innerbetrieblichen Kooperationspartner.

Gerade wenn Gespräche emotional hoch belastet sind, Mitarbeiter im Gespräch weinen oder beginnen, Ihnen Ihre Lebensgeschichte zu berichten, ist es sinnvoll, das Gespräch etwas zu straffen und insgesamt eher kürzer zu halten. Auch wenn es sehr entlastend und erfreulich ist, wenn der Mitarbeiter beginnt, sich zu öffnen, so ist es doch nicht sinnvoll, dass er oder sie dies in zu großem Maße Ihnen gegenüber tut: Denn als Vorgesetzte „zu viel" zu wissen, kann Sie auch sehr stark binden und vor allem den oft notwendigen Schritt nach außen – in eine professionelle Beratung – verhindern.

Bleiben Sie deshalb klar in Ihrer Rolle: Sie sind weder Sozialarbeiter noch Therapeutin – konzentrieren Sie Ihr Gesprächsangebot auf Ihre betrieblichen Aufgaben. So können Sie sich gut gegenüber dem betrieblichen oder externen Hilfesystem abgrenzen und eine gute Zusammenarbeit sicherstellen.

Hürde 6: Was können Sie tun, wenn Sie merken, dass der Mitarbeiter dem Hilfeangebot ausweicht?

Tipp: Übernehmen Sie nicht zu viel Verantwortung – der Mitarbeiter ist erwachsen. Mischen Sie sich auch nicht in Kontakte ein – die Sozialarbeiter und Helfer stehen Ihnen gegenüber unter Schweigepflicht und dürfen keine Auskunft geben. Sie können Folgendes tun:

1. Offensiv Kontakt stiften: Wenn Sie – nach mehreren Gesprächen – merken, dass der Mitarbeiter so etwas wie einen „Schubs" braucht, um Kontakt zum innerbetrieblichen Hilfesystem aufzunehmen, können Sie den Sozialarbeiter/Betriebsarzt/Suchtkrankenhelfer einmal einladen, um über das betriebliche und außerbetrieblichen Hilfenetz zu informieren. Halten Sie auch hier den Grundsatz ein: Sie informieren aktiv. *Es ist sinnvoll, sobald der Kontakt hergestellt ist, aus dem Raum zu gehen.*

2. Wenn Sie den Eindruck haben, dass der Mitarbeiter dem hergestellten Beratungskontakt ausweicht (Sie möglicherweise sogar belügt), widerstehen Sie der Versuchung, hinter seinem Rücken bei der Beratungsstelle anzurufen oder den Sozialarbeiter/Suchtkrankenhelfer zu befragen. Fragen Sie den Mitarbeiter direkt und orientieren Sie sich im Übrigen an den Auffälligkeiten im Arbeitsverhalten. Wenn der Mitarbeiter wegen eingeräumter Probleme im Rahmen seiner Arbeitszeit Beratungsangeboten wahrnimmt, können Sie sich den Kontakt nachweisen lassen.

3. Bieten Sie Alternativen an. Nennen Sie dem Mitarbeiter außerbetriebliche Stellen.

Befreien Sie sich von dem Anspruch, mit Ihrem Vorgehen Erfolg haben zu müssen – aber bleiben Sie am Ball. Denn die Entscheidung, sich mit seinem Suchtmittelproblem auseinanderzusetzen und etwas zu verändern, kann nur der Konsument treffen. Sie tragen nicht die Verantwortung für dessen Lebensführung, also auch nicht für diese Entscheidung.

Gespräche verschieben die Informationsgrundlage für das Handeln

Sie tragen „nur" Verantwortung für die *Informationsgrundlage,* auf deren Basis die Entscheidung zustandekommt. Machen Sie im Rahmen Ihrer Möglichkeiten dem Mitarbeiter den Preis für sein tagtägliches, vielleicht unreflektiertes Verhalten bewusst – und zeigen Sie ihm die Möglichkeiten, die Sie für eine Veränderung sehen. Nehmen Sie diese Verantwortung ernst: Geben Sie so viel Information wie möglich. Mit dieser Haltung sprechen Sie die „erwachsene" Seite des Menschen an, mit dem Sie zu tun haben. Sie formulieren klar Ihre Ziele und Erwartungen. Sie machen dabei den Mitarbeiter, die Mitarbeiterin nicht kleiner als er ist, sondern übertragen Verantwortung. Sie zeigen Respekt und Achtung, Sie strahlen Vertrauen aus, dass er oder sie es schaffen kann, und Sie bleiben gleichzeitig im Kontakt, bieten Ihre Unterstützung und Hilfe an. Mit dieser Haltung, die von Achtung und Wertschätzung getragen ist, mobilisieren Sie Ressourcen beim Mitarbeiter. Dies schützt auch Sie – vor überstürztem Handeln ebenso wie vor Desinteresse und Gleichgültigkeit. *Sie zeigen damit eine Führungsqualität, die in modernen Führungshandbüchern „Leadership" genannt wird.*

6.3   Hinweise zum persönlichen Umgang mit Alkohol[2]

• *Fragen zur individuellen Orientierung*

– Welche Rolle und Funktion hat Alkohol in Ihrem Lebenszusammenhang? Trinken Sie gelegentlich gerne, bereitet Alkohol Ihnen Genuss, können Sie je nach Situation und Gelegenheit variieren? Wie maßvoll oder „trinkfreudig" sind Ihre Freunde und Angehörigen?
– Registrieren Sie für sich noch, dass Alkoholkonsum schon in kleinen Mengen – beispielsweise ein Glas Bier oder Wein – psychische Wirkungen wie Entspannung, Stressabbau, Ermüdung oder Euphorisierung auslöst?
– Ist es für Sie eine Selbstverständlichkeit, auch einmal Nein sagen zu können, wenn Ihnen Alkoholika angeboten werden – auch wenn sie sich dadurch gegen Normen und Erwartungen stellen? Wie oft tun Sie dies tatsächlich?
– Fällt es Ihnen leicht, im Alltag oder über einen bestimmten Zeitraum ganz auf Alkohol zu verzichten? Ist Ihr Getränkekonsum der jeweiligen Situation angemessen? Sind Sie z.B. am Arbeitsplatz und im Straßenverkehr konsequent nüchtern?

---

2 Quelle: Landesbank Berlin (1995c, leicht verändert)

- Können Sie in Situationen, in denen Sie alleine sind – z. B. vor dem Fernseher – gut auf alkoholische Getränke verzichten und auf alkoholfreie Getränke übergehen?
- Setzen Sie sich mit „Ausrutschern" wirklich ernsthaft auseinander und verdrängen diese nicht? Halten Sie Vorsätze im Hinblick auf Ihren Alkoholkonsum ein?
- Was würden Sie Jugendlichen raten, die Sie fragen, wie man sinnvoll mit Alkohol umgeht? Deckt sich dies mit Ihrem persönlichen Konsumstil? Gibt es Phasen oder Situationen in Ihrem Trinkverhalten, die Sie nicht empfehlen würden?
- Machen Sie sich ab und zu bewusst, dass Sie mit Alkohol eine Droge konsumieren?
- Was würden Sie am meisten vermissen, wenn Sie – z. B. aus gesundheitlichen Gründen – keinen Alkohol mehr trinken dürften?

• *Risiken verringern*

Mit dem Konsum von Alkohol ist prinzipiell das Risiko gesundheitlicher Schäden, das Risiko der Abhängigkeit und- etwa am Arbeitsplatz oder im Straßenverkehr- das Risiko der Schädigung anderer verbunden. Trotzdem möchte kaum ein Erwachsener auf den Genuss von Alkohol ganz verzichten. Ein bewusster Umgang mit Alkohol hilft, die Risiken zu mindern:
- Genießen Sie Alkohol bewusst.
- Täglicher Alkoholkonsum ist riskant. Legen Sie in jeder Woche mindestens zwei alkoholfreie Tage ein, am besten aufeinanderfolgend.
- Stellen Sie fest, ob Ihnen Alkohol fehlt, wenn Sie mehrere Tage lang nichts trinken.
- Überprüfen Sie einmal, wie viel Sie wirklich trinken (z. B. beim Einkauf oder mit einem Selbstbeobachtungsbogen).
- Verändern Sie eingefahrene Trinkgewohnheiten. Ersetzen Sie z. B. ab und zu das abendliche Glas Wein durch ein (wärmendes?) nichtalkoholisches Getränk. Kündigen Sie dem Sherry, dem „Sektchen", dem Bier die „Beziehung" als Durstlöscher, Belohnung, Trostspender oder als Schlafmittel.
- Wenn Sie Alkohol genießen, tun Sie es langsam (z. B. in Verbindung mit Mineralwasser), bewusst und mit Pausen.
- Meiden Sie Alkohol, wenn Sie Spannungszustände, seelisches oder körperliches Unbehagen empfinden. Versuchen Sie nicht, sich mit Alkohol in eine andere Stimmung zu versetzen.
- Konsumieren Sie niemals Alkohol in Verbindung mit Medikamenten.
- Bilden Sie sich lieber ein, dass Sie viel trinken, als dass Sie wenig trinken.
- Verjagen Sie niemals einen Kater mittels Alkohol.

– Bieten Sie als Gastgeber/in stets auch alkoholfreie Getränke an und
geben Sie keine „alkoholischen Zwangsrunden" aus. Schenken Sie nicht
unaufgefordert Alkohol nach. Achten Sie darauf, wie viel Sie schon getrunken haben.
– Entscheiden Sie bewusst. Sagen Sie öfter einmal: Nein.

7 Literatur

Bamberg, E., Busch, C. G. & Ducki, A. (2003). *Stress- und Ressourcenmanagement.* Bern:
Huber.
Bamberg, E., Ducki, A. & Metz, A.-M. (1998). *Handbuch Betriebliche Gesundheitsför-
derung. Arbeits- und organisationspsychologische Methoden und Konzepte.* Göttingen:
Verlag für Angewandte Psychologie.
Barsch, G. (1994). Die Entwicklung von Umgangsweisen mit und Einstellungsinhalten
zum illegalen Drogenkonsum unter Jugendlichen Ostberlins. *Sucht, 40,* 4, 2/1994,
4–11.
Barth, J. & Bengel, J. (1998). Prävention durch Angst? Stand der Furchtappellforschung.
In BZgA (Hrsg.), *Praxis der Gesundheitsförderung,* Band 4.
Bellabarba, J. & Rummel, M. (1992). Suchtmittelabusus bei Krankenhausmitarbeitern –
ein Tabuthema als Aufgabe und Chance. *Krankenhaus umschau, 6,* 428–431.
Berg, I. K. & Miller, S. C. (1992/1993). *Kurzzeittherapie bei Alkoholproblemen. Ein
lösungsorientierter Ansatz.* Heidelberg: Carl Auer.
Bremer Aktionsbündnis Alkohol: *www.bremer-aktionsbuendnis.de.*
Bühringer, G., Herbst, K. & Lehmann, W. (1992). Forschung zum Substanzmißbrauch in
Deutschland. *Sucht, 38,* 4, 219–225.
Büro für Suchtprävention (Hrsg.) (1995). *Ecstasy. Prävention des Missbrauchs.* Geesthacht:
Neuland.
Bundesfachverband Betriebliche Sozialarbeit e. V. (1994). *Rahmenkonzeption für das Ar-
beitsfeld betriebliche Sozialarbeit.* Waiblingen, PF 1382.
BZgA (Bundeszentrale für gesundheitliche Aufklärung) (1992). *Aktionsgrundlagen 1990.
Ergebnisse einer Repräsentativbefragung der Bevölkerung ab 14 Jahren in der Bundes-
republik Deutschland einschließlich Berlin West.* Teilband Alkoholkonsum, Köln.
BZgA (o. J.). *Über Drogen reden. Eine Broschüre der Bundeszentrale für gesundheitliche
Aufklärung im Auftrag des Bundesministeriums für Gesundheit.* Bestellnr. 3371 3300.
BZgA (1998). Prävention des Ecstasykonsums. Empirische Forschungsergebnisse und Leit-
linien. *Forschung und Praxis der Gesundheitsförderung,* Band 5.
BZgA (2000). Alkohol-Verantwortung setzt die Grenze. Kurzintervention bei Patienten mit
Alkoholproblemen. Ein Beratungsleitfaden für die ärztliche Praxis. In Zusammenarbeit
mit der Bundesärztekammer und der DHS.
Deutsche Hauptstelle gegen die Suchtgefahren (2003). *Jahrbuch Sucht 2003.* Geesthacht:
Neuland.
Diller, M. & Powietzka, A. (2001). Drogenscreening und Arbeitsrecht. *NZA, Heft 2/2001,*
1227–1233.

EBDD (Europäische Beobachtungsstelle für Drogen und Drogensucht). Jahresberichte 2002–2003 über den Stand der Drogenproblematik in der Europäischen Union.

Fleck, J. (2002). Rechtliche Praxis bei Drogenkonsum von Arbeitnehmern. In F. Grothenhermen & M. Karus, (Hrsg.), *Cannabis, Straßenverkehr und Arbeitswelt. Recht-Medizin-Politik* (S. 61–80). Berlin: Springer.

Fuchs, R. (1992): Sucht am Arbeitsplatz – ein nicht mehr zu verleugnendes Thema. *Sucht, 38*, 1, Feb., 48–55.

Fuchs, R. (1994). *Wie erreicht ein Berater die interne Struktur eines Unternehmens?* In K. Mann & G. Buchkremer (Hrsg.), Suchtforschung und Suchttherapie in Deutschland. *Sonderband der Zeitschrift Sucht, 150–154.*

Fuchs, R., Rainer, L. & Rummel, M. (Hrsg.) (1998). *Betriebliche Suchtprävention.* Göttingen: Hogrefe.

Fuchs, R. & Resch, M. (1996). *Alkohol und Arbeitssicherheit. Arbeitsmanual zur Vorbeugung und Aufklärung.* Göttingen: Hogrefe.

Fuchs, R. & Rummel, M. (1998). Führungskräfte nehmen Stellung – eine Evaluationsstudie zum Präventionsprogramm der Landesbank Berlin. In R. Fuchs, L. Rainer & M. Rummel (Hrsg.), *Betriebliche Suchtprävention* (S. 219–240). Göttingen: Hogrefe.

Fuchs, R., Rummel, M., Petschler, T. & Kruppe, T. (1993). *Alkoholprobleme und ihre Auswirkungen auf betriebliche Fehlzeiten. Auswertung der Daten aus einer bundesdeutschen Großbehörde.* Landesstelle Berlin gegen die Suchtgefahren, unveröff. Projektbericht.

Fuchs, R. & Petschler, T. (1998). Betriebswirtschaftliche Kosten durch Alkoholmissbrauch und Alkoholabhängigkeit. In R. Fuchs, L. Rainer & M. Rummel (Hrsg.), *Betriebliche Suchtprävention* (S. 51–76). Göttingen: Hogrefe.

Glaeske, G. (2002). Psychotrope und andere Arzneimittel mit Missbrauchs- und Abhängigkeitspotenzial. In Deutsche Hauptstelle gegen die Suchtgefahren (Hrsg.), *Jahrbuch Sucht 2003* (S. 62–78). Neuland: Geesthacht.

Greiner, B., Rummel, M. & Fuchs, R. (1998). Arbeitsbedingungen und Suchtmittelkonsum: Theoretische Bezüge und empirische Erkenntnisse am Beispiel Alkohol. In R. Fuchs, L. Rainer & M. Rummel (Hrsg.), *Betriebliche Suchtprävention* (S. 77–100). Göttingen: Hogrefe.

Heizmann, S. (2003). *Outplacement. Die Praxis der integrierten Beratung.* Bern: Huber.

Henkel, D. (1992). *Arbeitslosigkeit und Alkoholismus. Epidemiologische, ätiologische und diagnostische Zusammenhänge.* Weinheim: Deutscher Studien Verlag.

Herschbach, P. (1991). *Psychische Belastung von Ärzten und Krankenpflegekräften.* Weinheim: VCH edition medizin.

Hoth, A. (1994). Alkoholismus bei Auszubildenden in Magdeburg. *Sucht, 40,* 4, 2/1994, 12–23.

Hurrelmann, K. & Hesse, S. (1991). Drogenkonsum als problematische Form der Lebensbewältigung im Jugendalter. *Sucht, 37,* 8/1991, 240–252.

Institut für Betriebliche Suchtprävention Berlin e.V. (1999). *Suchtprävention im Ausbildungsbereich. Wege, Konzepte, Erfahrungen.* Berlin. Vervielfältigter Bericht.

Janes, C.R. & Ames, G. (1993). The Workplace. In M. Galanter (Hrsg.), *Recent Developments in Alcoholism, Vol. 11: Ten Years of Progress* (pp. 123–141). New York: Plenum Press.

Katzung, P.W. (1994). *Drogen in Stichworten. Daten, Begriffe, Substanzen.* Landsberg: ecomed.

Kimmeskamp, P. (1994). Wenn der Banker zum „Fall" wird. *Bank Magazin, 2,* 40–43.

Klepsch, R. & Fuchs, R. (1998). Entwicklungen und Entwicklungsstand amerikanischer und kanadischer Alkohol-Präventionsprogramme. In R. Fuchs, L. Rainer & M. Rummel (Hrsg.), *Betriebliche Suchtprävention* (S. 257–280). Göttingen: Hogrefe.

Körkel, J. (1992). *Der Rückfall des Suchtkranken. Flucht in die Sucht?* Berlin: Springer.

Kotter, J. P. (1996). *Leading Change.* Harvard Business School Press.

Landesbank Berlin (1995a). *Problem und Lösung.* Eine Broschüre im Rahmen des Suchtpräventionsprogramms der Landesbank Berlin.

Landesbank Berlin (1995b). *Bilanz. Führungskräfte nehmen Stellung.* Eine Broschüre im Rahmen des Suchtpräventionsprogramms der Landesbank Berlin.

Lindenmeyer, J. (1998). *Lieber schlau als blau.* München: Beltz PVU.

Meyer, C. & John, U. (2004). Alkohol – Zahlen und Fakten zum Konsum. In Deutsche Hauptstelle gegen die Suchtgefahren (Hrsg.), *Jahrbuch Sucht 2003* (S. 19–36). Geesthacht: Neuland.

Meyer, G. (2003). Glücksspiel – Zahlen und Fakten. In Deutsche Hauptstelle gegen die Suchtgefahren (Hrsg.), *Jahrbuch Sucht 2003* (S. 92–106). Geesthacht: Neuland.

Möller, M. R. (1994). M 29 Drogen- und Medikamentennachweis bei verkehrsauffälligen Kraftfahrern. BASt (Bundesanstalt für Straßenwesen).

Müller, A. (1984). Bei wieviel Prozent der Straßenverkehrsunfälle in der Bundesrepublik Deutschland ist Alkoholeinfluß beteiligt? *Blutalkohol, 21,* 501–528.

Müller, A. (1992). Alkoholeinfluß als Ursache bei tödlichen Verkehrsunfällen: Stimmen die amtlichen Zahlen? *Blutalkohol, 29,* 242–250.

Nette, A. (1995). *Medikamentenprobleme in der Arbeitswelt. Ein Handbuch für die betriebliche Praxis. Schriftenreihe der IG Metall 130.* Frankfurt: Union.

Nette, A. (1998). Betriebliche Prävention und Intervention bei Medikamentenproblemen. In R. Fuchs, L. Rainer & M. Rummel (Hrsg.), Betriebliche Suchtprävention (S. 171–184). Göttingen: Hogrefe.

Nette, A. & Ellinger-Weber, S. (1992). Die Versorgungssituation Medikamentenabhängiger im Spannungsfeld von Suchtkrankenhilfe und medizinischem System. In Deutsche Hauptstelle gegen Suchtgefahren (Hrsg.), *Medikamentenabhängigkeit. Band 34* (S. 92–107). Freiburg: Lambertus.

Noordzij, P. C., Meester, A. C. & Verschuur, W. L. G. (1988). Night-time driving: The use of seat-belts and alcohol. *Ergonomics, 31/4,* 663–668.

Rainer, L. (1994). Betriebliche Suchtkrankenhilfe – Was kommt nach dem Schulungsboom? Grundsatzreferat auf der Tagung des Gesamtverbandes für Suchtkrankenhilfe vom 3.–5. Mai 1993 in Königslutter. *Partner, 3,* 7–17.

Rainer, L. & Fuchs, R. (1994). *Betriebliche Alkoholprävention – eine Aufgabe für Betriebsräte* (S. 125–131). Der Betriebsrat, H. 6, IG Chemie – Papier – Keramik, Hannover.

Rauen, C. (2002). *Coaching.* Göttingen: Hogrefe.

Rennert, M. (1989). *Co-Abhängigkeit. Was Sucht für die Familie bedeutet.* Freiburg: Lambertus.

Resch, M. (1994). *Wenn Arbeit krank macht.* Frankfurt: Ullstein Medicus.

Resch, M. (2003). *Analyse psychischer Belastungen.* Bern: Huber.

Reuter, U. (1983). Zum Zusammenhang zwischen Arbeitsplatzbelastung und Alkoholkonsum. In Bundeszentrale für gesundheitliche Aufklärung, *Alkohol und Arbeitswelt. Ergebnisse einer Expertenbefragung der Bundeszentrale für gesundheitliche Aufklärung zur „Vorbeugung von Alkoholkonsum in der Arbeitswelt".* Köln: Bundeszentrale für gesundheitliche Aufklärung.

Rummel, M. (2001). Suchtprobleme am Arbeitsplatz: Gesprächsführung für Vorgesetzte. In Deutsche Hauptstelle gegen die Suchtgefahren (Hrsg.), *Sucht und Arbeit – Prävention und Therapie substanz- und verhaltensbezogener Störungen in der Arbeitswelt* (S. 169–179). Freiburg: Lambertus.

Rummel, M. (2002). *Leadership und zukunftsorientiertes Management.* Seminarunterlage Management School St. Gallen/Kooperationsverbund Dialog. Berlin/St.Gallen.

Rummel, M. (2002). Suchtprobleme am Arbeitsplatz: Was das Gedeihen möglich macht. In: Landesstelle gegen die Suchtgefahren für Schleswig-Holstein e. V.: (LSSH) (Hrsg.), *Ansprechen statt schweigen. Co-Abhängigkeit in Familie und Betrieb* (S. 22–37). Kiel: LSSH.

Rummel, M. (2002). *Zukunftsorientierte Konzepte der Betrieblichen Suchtprävention – Qualitätsstandards und Innovationsbedarf.* Vortrag bei der Internationalen Konferenz „Alkohol am Arbeitsplatz" des Saarländischen Ministeriums für Frauen, Arbeit, Gesundheit und Soziales am 23. Oktober 2002, Saarbrücken.

Rummel, M. (2003). Alkohol? Jetzt lieber nicht! „Punktnüchternheit" – für den klaren Kopf beim Arbeiten. *Bremer Arbeitnehmer Magazin 6/03,* 12–13.

Rummel, M. & Bellabarba, J. (1998). Suchtprävention im Krankenhaus – Forschungsergebnisse und Erfahrungen. In R. Fuchs, L. Rainer & M. Rummel (Hrsg.): Betriebliche Suchtprävention (S. 201–218). Göttingen: Hogrefe.

Rummel, M. & Rainer, L. (1998). Suchtmittelkonsum bei Führungskräften. Folklore und Fakten. In R. Fuchs, L. Rainer & M. Rummel (Hrsg.), *Betriebliche Suchtprävention* (S. 101–118). Göttingen: Hogrefe.

Rummel, M., Rainer, L. & Fuchs, R. (1998). Alkoholprävention – ein Sonderfall in der betrieblichen Gesundheitsförderung. In E. Bamberg, A. Ducki & A.-M. Metz (Hrsg.) (in Druck), *Betriebliche Gesundheitsförderung. Ein Handbuch arbeits- und organisationspsychologischer Grundlagen und Methoden.* Göttingen: Hogrefe.

Salamé, P. (1991). The effects of alcohol on learning as a function of drinking habits. *Ergonomics, 34,* 1231–1241.

Schlömer, H. (1993). Aus Fehlern lernen – Suchtprävention statt Drogenprävention. In: Hamburgische Landesstelle gegen die Suchtgefahren (Hrsg.), *Suchtprävention* (S. 5–10).

Schumann, G. (Hrsg.) (2000). *Stand und Perspektive betrieblicher Suchtprävention. Reader zur Fachtagung des Regionalen Arbeitskreises Betriebliche Suchtprävention.* Oldenburg: Bibliotheks- und Informationssystem der Universität Oldenburg.

Schumann, G. (2004). *Gesundheitsförderliches Führungsverhalten und lösungsorientierte Interventionen am Arbeitsplatz.* Universität Oldenburg: Schriftenreihe Betrieb Sucht Gesundheit der Betrieblichen Sozial- und Suchtberatung.

Semmer, N. (1992a). *Der Beurteilungsprozeß.* Arbeitspapier des Psychologischen Instituts der Universität Bern, Fachgebiet „Arbeits- und Betriebspsychologie" im Rahmen der SAQ-Auditorenausbildung, Bern.

Semmer, N. (1992b). *Konflikte.* Arbeitspapier des Psychologischen Instituts der Universität Bern, Fachgebiet „Arbeits- und Betriebspsychologie" im Rahmen der SAQ-Auditorenausbildung, Bern.

Senatsverwaltung für Jugend und Familie. Die Landesdrogenbeauftragte (Hrsg.) (1994). *Drogenkonsum Jugendlicher – Akzeptieren oder intervenieren?* Dokumentation der Fachtagung vom 6./7. Dezember 1993. Beiträge zu Fragen der Suchtproblematik Band 7.

Soellner, R. (2000). *Abhängig von Haschisch? Cannabiskonsum und psychosoziale Gesundheit.* Bern: Huber.

Sonnenstuhl, W. J. (1988). Contrasting Employee Assistance, Health Promotion, and Quality of Work Life Programs and Their Effects on Alcohol Abuse and Dependence. *Journal of Applied Behavioral Science, Vol. 24,* No. 4, 347–363.

Stanford Research Institute (SRI) (1975). *Betriebliche Alkoholismus-Programme in U.S.-Firmen. Ein Untersuchungsbericht des Long Range Planning Service.* London: Menlo Park.

Steinbach, I. & Wienemann, E. (1992). Probleme mit Medikamenten im Arbeitsleben. In Niedersächsisches Sozialministerium, *Berichte zur Suchtkrankenhilfe.* Hannover: Niedersächsisches Sozialministerium.

Steinbach, I. & Wienemann, E. (unter Mitarbeit v. Nette, A.) (1992). *Medikamentenge- und mißbrauch und seine Auswirkungen am Arbeitsplatz. Ergebnisse einer Recherche.* Weiterbildungsstudium Arbeitswissenschaft, Universität Hannover.

Streufert, S., Pogash, R., Roache, J., Severs, W., Gingrich, D., Landis, R., Lonardi, L. & Kantner, A. (1994). Alcohol and Managerial Performance. *Journal of Studies on Alcohol, 55,* 230–238.

Stürk, P. (1987). Alkohol am Arbeitsplatz und im Berufsverkehr. *Die Berufsgenossenschaft, 10,* 594–595.

Teegen, F. (2003). *Posttraumatische Belastungsstörungen bei gefährdeten Berufsgruppen.* Bern: Huber.

Trice, H. M. & Beyer, J. M. (1977). Differential Use of an Alcoholism Policy in Federal Organizations by Skill Level of Employees. In C. J. Schramm (Ed.), *Alcoholism and its Treatment in Industry* (pp. 44–68). Baltimore: John Hopkins University Press.

Weltgesundheitsorganisation (WHO) (1992). *Europäischer Aktionsplan Alkohol.* Kopenhagen: WHO.

Wienemann, E. (1996). *Aktuelle Entwicklungen und Ansätze im Bereich betrieblicher Suchtprävention.* Referat auf der Fachtagung der Hamburger Landesstelle gegen die Suchtgefahren am 22. 01. 1996 (i. Dr.).

Wienemann, E. (2000). *Vom Alkoholverbot zum Gesundheitsmanagement. Entwicklung der betrieblichen Suchtprävention von 1800 bis 2000.* Stuttgart: ibidem-Verlag.

Wienemann, E. (2000). Suchtprävention und -hilfe im Betrieb – Ein profitabler Kostenfaktor? In R. Brosch & R. Mader (Hrsg.), *Alkohol am Arbeitsplatz.* Wien: orac.

Wienemann, E. (2001). Zur Entwicklung unterschiedlicher Hilfesysteme der Suchtkrankenhilfe und Suchtprävention am Arbeitsplatz. In Deutsche Hauptstelle gegen die Suchtgefahren (Hrsg.), *Sucht und Arbeit. Schriftenreihe zum Problem der Suchtgefahren Band 43* (S. 55–62), Freiburg: Lambertus.

Wienemann, E. (2002). Betriebliche Suchtprävention. Die Karriere eines Konzepts von der Einzelfallhilfe zur Managementstrategie. *Suchtreport, 1,* 15–19.

Kontaktanschrift der Autoren

Institut für Betriebliche Suchtprävention Berlin e. V.
Crellestr. 21
10827 Berlin
Tel.: 0 30/81 82 83 40
E-Mail: ibs.berlin@t-online.de
Homepage: www.ibs-berlin.net

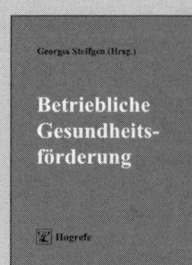

Mitarbeitergespräch bei suchtmittelbedingten Auffälligkeiten

Vorbereitung	Durchführung: Probleme und Fakten/Zielzustand	Durchführung: Konsequenzen	Durchführung: Unterstützungsangebot	Durchführung: Vereinbarungen
Was ist aufgefallen? Was stört mich/die Abläufe, bereitet Sorge? Fakten/Dokumente zusammentragen	Gesprächsanlass und Kontext benennen Probleme konkret beschreiben	Mein nächster Schritt, wenn es beim Status quo bleibt	Eigene Unterstützung beschreiben Verbindlichkeit	Klare Absprachen am Schluss Verbindlichkeit
Was genau will ich in diesem Gespräch erreichen?	Auswirkungen auf mich und auf den Arbeitsbereich	Angekündigte Konsequenzen umsetzen	Auf interne und externe Hilfeangebote Hinweisen	Muss jemand informiert werden?
Was kann ich anbieten?	Ich-Botschaften!			
Was werde ich mitteilen? Mögliche Reaktionen? Worst case? Wie stelle ich mich darauf ein?	Veränderungsbedarf klarstellen Erwartungen beschreiben Besondere Auflagen?	Ggf. Erweiterung des Personenkreises Ankündigen	Eindringlichkeit. Ggf. Herstellung des Erstkontakts	Nächster Termin
Brauche ich selbst Unterstützung/Coaching?	Verbindlichkeit über Erwartungen herstellen	Einleitung arbeitsrechtlicher Maßnahmen?	zur Kontaktaufnahme ermutigen	Gesprächsergebnisse notieren. Protokoll ggf. gegenzeichnen lassen

Einführung eines betrieblichen Suchtpräventionsprogramms

Beschreibung des Zielzustandes	Herbeiführung einer Entscheidung	Planung von Aktivitäten in der Führung	Planung des Hilfesystems	Budgetierung, Evaluation und Controlling	Verlaufssteuerung
Was soll erreicht werden? Soll-Zustand Abweichung vom Ist-Zustand	Präzisierung des Zielzustandes auf Basis der Situationsanalyse: Relevante Dimensionen berücksichtigt?	Kommunikationsstrategie für den Zielzustand (Spielregeln) Wer, wann, wie?	Professionelles Beratungsangebot: Feste Stelle? Sprechstunden-Modell?	Kostenkalkulation und Budgetierung	Monitoring der Maßnahmen durch Steuerungskreis
Situationsanalyse: Problemschwerpunkte Konsum und Umgang damit Bewährtes/ Veränderungsbedarf?	Prozessowner/ Sponsor? Zielgruppen? Auswahl geeigneter Teilschritte	Schulungsprogramm? Coaching? Nutzung vorhandener Settings? Erstellung von Materialien?	Rekrutierung nebenamtlicher kollegialer Ansprechpartner?	Definition der Erfolgskriterien Evaluationsmaßnahme?	Regelmäßiges Programmfeedback
Konsequenzen für die drei Entwicklungslinien Konsumniveau, Führung und Hilfesystem?	Bildung der Steuerungs- bzw. Projektgruppe mit klar definiertem Arbeitsauftrag	Vernetzung mit anderen Angeboten der Führungskräfteschulung und Personalentwicklung	Betriebsärztlicher Dienst: Kooperation, Service ausbauen?	Beschreibung des Monitoring durch den Steuerungskreis	Sicherung von Nachhaltigkeit
Widerstände/ Unterstützungspotenzial	Fachliche externe Unterstützung für den Prozess?	Zielgruppenspezifische Maßnahmen Ausbildungsbereich? Sonderprojekte?	Vernetzung mit externen Beratern und Einrichtungen?	Ggf. Betriebs- oder Dienstvereinbarung